行动心理学

如何找到自己的动力之源

毛晓磊◎著

台海出版社

图书在版编目(CIP)数据

行动心理学 / 毛晓磊著. — 北京：台海出版社，
2017.8

ISBN 978-7-5168-1507-6

Ⅰ.①行… Ⅱ.①毛… Ⅲ.①行为主义–心理学–通
俗读物 Ⅳ.①B84–063

中国版本图书馆 CIP 数据核字(2017)第 184194号

行动心理学

著　　者:毛晓磊	
责任编辑:王　品	
装帧设计:芒　果	版式设计:通联图文
责任校对:化莹莹	责任印制:蔡　旭

出版发行:台海出版社

地　　址:北京市东城区景山东街 20 号　　邮政编码:100009

电　　话:010-64041652(发行,邮购)

传　　真:010-84045799(总编室)

网　　址:www.taimeng.org.cn/thcbs/default.htm

E － mail:thcbs@126.com

经　　销:全国各地新华书店

印　　刷:北京鑫瑞兴印刷有限公司

本书如有破损、缺页、装订错误,请与本社联系调换

开　　本:710mm×1000 mm　　　1/16

字　　数:160 千字　　　印　　张:14

版　　次:2017 年 8 月第 1 版　　印　　次:2017 年 8 月第 1 次印刷

书　　号:ISBN 978-7-5168-1507-6

定　　价:38.00 元

前　言

Preface

一

你突然想要干一件事情，感觉很振奋。

比如，你想学一门新的语言，你想把字练得更好一点，你想多看几本书给自己充电……

但是，无论你想要学习理财知识还是锻炼塑身，总会有这样或那样的借口进行不下去，你心里面总会莫名其妙地产生一种无力感和挫败感，像被浇了一盆冷水，突然全身乏力。

你总是在"想"，却很少去做。

于是，你常说这个太难、那个太累，说你年龄太大，工作太忙……

事实上，这些都是你给缺乏行动力找的借口而已。

二

据说每个人每天会出现700次自动思考。在这些思考之中，有的内容比较清晰，有的意识模糊不清，但基本上都是负面思考。也就是说，在你的大脑中每天会出现700条负面信息。

正是这种"自动化思考"，使我们产生了"认知偏差"，从而陷入认知误区。比如，你上班的路上与同事擦肩而过却没有打招呼，明明只是他没有注意到你而已，你心里却会有"他是不是讨厌我啊？我是不是得罪了他？"的想法。或者你的工作中出了一点小问题，然后你会想"又犯错了，是不是我真的不适合这份工作"？

其实，这一切并非事实，但你却坚信都是事实，结果就会出现各种各样的问题。

这时我们可以试试"正念法"，即在认知行为疗法的基础上，将注意力集中在"现在"和"现实"之上，纠正"认知偏差"。找出客观的原因，用正确的认知来应对遇到的问题。比如，你常常觉得自己这也不行那也不行，难道真是自己什么事情都做不好吗？肯定不是的。学会用"正念"法跟自己对话，不要过分关注"做不到的事"，不要因为过去的事情而懊悔，不要因为对未来的不安而畏缩不前，更不要因为周遭的环境而心存怨恨，要把握自己、关注"现在"。

那么，怎样才能获得高效的行动力，让自己有真正的积累呢？

是不是里面有一套操作技巧呢？

三

如果你想要改变人生，抱怨自己的缺点是没有用的，只靠意志力也无法成功，人们对自己的认识存在太多"偏差"，最靠得住的判断标准只有行动本身。

无论你是想戒除坏习惯，还是想培养好习惯，只有科学管理自己的行动才能达到目标。

很多时候，我们满怀憧憬与梦想，但我们却没有注意脚下，我们一步也没有挪动。我们把梦想"明确"下来，就有了目标，我们把目标贯彻下来，就有了行动。但行动需要的是扎扎实实的付出，面对容易的有趣的希望（思考、想象）与枯燥的无趣的行动，我们往往会选择前者。当把两个同样重要的东西放在同样重要的位置让我们去选择时，我们会毫不犹豫地去抓取容易的有趣的能够速成的东西。

如果说，目标是人生的太阳，它将永远照耀着你的人生之路，那么，拥有了行动力，春天就会在你心中永驻。虽然春天里也有凄风冷雪、风霜尘埃，但只要你在这春天里，努力去实践，一路轻盈地前行，冲破一切借口和困难，便会创造出一个美好的人生、传奇的人生！

本书作者在研究行为科学管理的基础上，结合日本和美国广受推崇的行动科学管理方法，启发我们重新审视自己的认知和行动目标，掌握行动的最基本法则，灵活有效地规划自己的生活，学会不抱怨、不盲从，从而找到适合自己的人生道路！

目 录

Contents

上　正因为看不见幸福，你才要行动

第一章　心理动力

——越过心理高度，总有个位置为你而留 …… 3

潜能意识：你的能量超乎你的想象 …… 4

巴纳姆效应：尽可能地保持冷静和客观 …… 7

平常心思维：正确地认识自己 …… 10

角色意识：定好位才能发挥你的特长 …… 13

意志品质：在哪里跌倒，从哪里站起来 …… 16

"小处着眼"的思维：发现你所拥有的珍贵资源 …… 18

实践思维：推开成功的大门，没有想象中那么难 …… 22

目录

第二章 挫折动力

——如乞丐般忍辱负重，像伟人那样获得成功 …… 29

逆境定理：每种逆境都蕴有成功的种子 …… 30

压力管理：把烦人的压力，变成积极的动力 …… 32

开窗心态：关上"悲观"的门后，总有一扇"乐观"的窗会打开

…… 34

逆境商数：学会在逆境中"蹦极" …… 39

世上无难事，只怕有心人 …… 42

第三章 冒险动力

——期待未来不如把握现在，做得越多离成功越近 …… 47

尝试心态：我们可以试一试自以为办不到的事 …… 48

有计划没有什么了不起，能执行才算可贵 …… 50

坚持创新：成功没有不变的模式 …… 52

当借口离你越来越远，成功就离你越来越近 …… 56

不要急功近利，眼界决定结局 …… 58

细节法则：万分之一的机会也不能放过 …… 60

目
录

中　管好自己，才能正确行动

第四章　目标赋予动力

——把握生命的罗盘，从这里出发 …… 69

无目标的飘荡终会迷路 …… 70

航海图法则：寻找目标没那么简单 …… 72

目标分割法：给自己"一分钟的目标" …… 75

好高骛远，终其一生也一事无成 …… 78

优势智能定律：天才就是站对位置 …… 82

从众效应：活在别人眼里又累又可悲 …… 85

第五章　自控强化动力

——管理自己，优秀源自你的自律 …… 93

高达90%的行为，出自习惯的支配 …… 94

时间管理：ABC控制法 …… 96

谦虚原则：花开半夏一定不会错 …… 99

在其位谋其政，任其职尽其责 …… 102

领导者定律：人人都要管好自己 …… 105

自爱，就要对诱惑说"不" …… 106

自省，一种不可遗失的品格 …… 111

目录

第六章　魅力提升动力

——修炼形象，成为自己的贵人 …… 121

彰显自己的本色 …… 122

人格魅力，你的金字招牌 …… 124

做一个值得信赖的人 …… 127

要成功，就必须把眼光放远 …… 130

养成每天读书10分钟的习惯 …… 133

让礼貌成为你的名片 …… 136

美是一种优雅的素养 …… 138

下　行动起来，得到想要的一切

第七章　别让拖延害了你

——做，比做得最好更重要 …… 147

拖延是生命的窃贼 …… 148

合理分解拖延带来的压力 …… 150

5个步骤帮你摆脱拖延 …… 154

抱怨会导致拖延加重 …… 158

懒惰在职场中是没有市场的 …… 160

有时候，80分就可以 …… 163

不要做过于谨慎的"犹豫先生" …… 165

目 录

第八章　别让优柔寡断害了你

——正确的选择，比无效的努力更重要 …… 169

让青春学会选择，让选择打造成功 …… 170

对第一份工作的选择绝对不能马虎 …… 172

做擅长的事，你会先人一步 …… 176

放弃是选择的跨越 …… 179

谋定而后动，问题越多越要冷静 …… 182

心动不如行动 …… 186

第九章　别让不懂变通害了你

——改变思维，比改变生活更重要 …… 191

"脑洞"有多大，创意就有多大 …… 192

单枪匹马不成事，借力打力不费力 …… 195

此路不通彼路通 …… 198

举一反三，摸着石头过河 …… 201

创造力是一生享用不尽的财富 …… 203

记得你所做过的那些蠢事，别再做第二次 …… 204

上

正因为看不见幸福，你才要行动

❖

第 一 章

❖

心 理 动 力
——越过心理高度，总有个位置为你而留

❈ 潜能意识：你的能量超乎你的想象

有一项调查显示，人们在阅读一本书时，正常人的阅读速度为每小时30~40页，而潜能得到激发的人却能达到每小时300页；人脑兴奋时，只有10%~15%的细胞在工作，人脑可储存10个甚至更多的信号，而保留在记忆中的却只是很小一部分。由此可见，人类社会的进步还有待于对潜能的进一步激发。

人的人生道路有很多种，其中最普遍的三条道路，第一是从政；第二是从商，搞经济；第三是搞学术，比如做老师、学者。另一方面，每一个人出生的那一刻，就注定他身上带有一种特长，有的人天生就善于利用自己的特长，展现自己的才能；有些人进入社会磨炼之后，自己的特长才慢慢显现出来；而有的人经过长期的磨炼也得不到领悟，却随着外缘而变化，导致失去自己原来的本性，随波逐流。

世界顶尖潜能大师安东尼·罗宾在心灵革命的课程中，为了证明人类的巨大的潜能曾做过下面的实验。这是一种赤足从火上走过的课程。

在整堂课里，所有的学员必须得面对火红炽热的木炭所铺成的"火路"，然后大胆而勇敢地赤足走过。对于没有走过"火路"经验的人而言，想到都是极为恐惧的场面，有的人会哭，有的人会叫，也有的人腿软，甚至有人会哀求免去这种"考验"。不过，最终所有的学员还是得走过这条路，因为没有经历过这场考验的人，无法在随后的课程中得到最大的效果。

对此，安东尼·罗宾说："我们当中很少有人有过赤足过"火路"的经验，但却有不少人见过他人赤足过"火路"的场面，特别是在寺庙的拜火祭典中。当我们看见过"火路"之人平安走过火堆之后，总以为是神明在庇佑那些人，或是有人预先在火堆中做了手脚，殊不知过"火路"的行为只要妥善安排，人人都能平安走过。"

美国一些科学家对过"火路"过程的观察与测试后，发现不需要用跑，只要步行的速度够快，便不容易灼伤脚底。因为每当脚掌在接触火炭的瞬间，便会立即释放出汗水，形成一层绝缘体，在那层汗膜尚未蒸发前提起脚掌，汗水便会因吸收先前的热量而化为蒸气消逝，从而使脚掌丝毫不受伤。

由于大多数人不了解人体的神奇机能，以无知来接触那些自己视为可怕的遭遇，便容易陷入畏缩不前的状态中。当那些研讨会的学员在咬紧牙关平安走过火堆后，他们整个观念会有很大的改变，因为原先认为必然做不到的事，竟然轻易可以实现，且于己毫发无损。

任何的限制，都是从自己的内心开始的。只是，在紧急关头，人们打破了内心的限制，于是潜能就如同沉睡的火山般爆发出来了。

很多时候，你总能听到有人抱怨"人才被社会埋没了"，但是仔细思考，却是人才自己缺乏信心和勇气、安于现状、不思进取，自我埋没！许多情况下，你需要给自己一些外在的刺激，适当地给自己某些特殊的有益的鼓励，让自己对事业多一份信心、多一点勇气、多一些胆略和毅力，使自己的潜能从休眠状态下苏醒，发挥无穷的力量，创造成功。

俄国戏剧家斯坦尼斯拉夫斯基在排一场话剧时，女主角因故不能参加演出，出于无奈，他只好让他的大姐担任这个角色。可他大姐从未演过主角，自己也缺乏信心，所以排练时演得很糟，这使斯坦尼斯拉夫斯基非常不满，他很生气地说："这个戏是全戏的关键，如果女主角仍然演得这样差劲，整个戏就不能再往下排了！"这时全场寂然，大姐久久没有说话，突然她抬起头来坚定地说："排练！"

大姐一扫过去的自卑、羞涩、拘谨，演得非常自信、真实。演出很成功，事后斯坦尼斯拉夫斯基高兴地说："从今天以后，我们有了一个新的艺术家。"

当然，发挥潜力，需要抓住机遇；当机立断，需要有的放矢、躬身实践。这时候，你会发现令你开心的事不在别处，就在你自己身上；你可以永远和乐观相伴，尽管危机和挑战可能随时来临，但是你总有能力使自己生活得风平浪静。

美国的笛福森，45岁以前一直是一个默默无闻的银行小职员。周围的人都认为他是一个毫无创造才能的庸人，连他自己也看不起自己。然而，在他45岁生日那天，他读报时受到报上登载故事的刺激，遂立下大志，决心成为大企业家。从此，他前后判若两人，以前所未有的自信和顽强毅力，破除无所作为的思想，潜心研究企业管理，终于成为一个颇有名望的大企业家。

有些人感到自己状态不佳、精力不足或恐惧犯错误时，就把必须做的事放在一边，等待最佳时机的出现，而最佳时机却总是没有出现。这时候，他们会说自己无法发挥潜能或是受客观因素限制，认为自己的身体、大脑与心灵的宇宙潜能无法发挥出来。

你也可以得出另一个结论：无论是在职场还是你的日常生活，只要肯挖掘，任何人的潜力都是无穷的，只要你是一个喜欢开动你大脑"宇宙"和用行动来证明自己的人。宇宙固然是无限的，潜力也是无穷的，潜力开发的方法，则关乎你的潜能能否最大限度地开发和利用，做到了善于运用，潜能"秀"出你自己的时日也就是眼前的事。

❖ 巴纳姆效应：尽可能地保持冷静和客观

巴纳姆效应是指人很容易受到外界信息的暗示，出现自我知觉的偏差，认为一种笼统的、一般性的人格描述是自己的真实写照。

这个效应是以广受欢迎的著名魔术师肖曼·巴纳姆的名字来命名的。肖曼·巴纳姆曾经在评价自己的表演时说，他的节目之所以受欢迎，是因为节目中包含了每个人都喜欢的成分，所以"每一分钟都有人上当受骗"。

有位心理学家针对巴纳姆效应精心设计了一个著名的实验。

他给一群人做完多项人格特征测验后，拿出两份结果让参加者判断哪一份是自己的结果。其中一份是参加者自己的真实结果，另外一份则是多数人的回答平均起来的结果。

令心理学家感到惊讶的是，绝大多数的参加者都认为第二份结果更为精确地描述了自己的人格特征。

根据这个效应，人们可以看到这样的现实：人们平常总认为自己很了解真实的自己，而且也相信自己能够对自己的处境进行正确的判断，但事实并非如此，实际上人们很容易受到外界因素的影响或暗示，往往以外在的标准去判断和衡量自己，因此常常导致对自身的认识不准确。

爱因斯坦以前并不是一个认真学习和热衷钻研的人，直到16岁那年，一天上午，父亲将正要去河边钓鱼的爱因斯坦拦住，并给他讲了一个故事，这个故事使爱因斯坦的人生发生巨大的改变。

父亲对爱因斯坦说："昨天我和咱们的邻居杰克大叔去清扫南边的一个大烟囱，那烟囱只有踩着里面的钢筋踏梯才能上去。你杰克大叔在前面，我在后面。我们抓着扶手一阶一阶的终于爬上去了，下来时，你杰克大叔依旧走在前面，我还是跟在后面。后来，钻出烟囱，我们发现了一件奇怪的事情。你杰克大叔的后背、脸上全被烟囱里的烟灰蹭黑了，而我身上竟然一点烟灰也没有。"

爱因斯坦的父亲继续微笑着说："我看见你杰克大叔的模样，心想我一定和他一样，脸脏得像个小丑，于是我就到附近的小河里去洗了又洗。而你杰克大叔呢，他看我钻出烟囱时干干净净的，就以为他也和我一样干干净净的，只草草地洗了洗手就上街了。结果，街上的人都笑破了肚子，还以为你杰克大叔是个疯子呢。"

爱因斯坦听罢，忍不住和父亲一起大笑起来。之后，父亲却郑重地对他说："其实别人谁也无法清晰地映照出你真实的模样，只有自己才是自己的镜子。拿别人作镜子，白痴或许会把自己照成天才。"

西方一位哲人曾说："你的一切素养都表现在你所使用的礼仪上，你的内心将表现在你的语言上，这是人们判断你的重要方法。"

人们总认为自己是了解自己的，其实很多人在"认识自己"的道路上还有很长的路要走。所谓"知己知彼，百战不殆"，正确认识自己是人们立足于社会和到达成功的基本出发点。古往今来，所有的成功人士都是在准确认识自我的基础之上扬长避短，并选择适合自己的道路，采取适合自己的方法，才实现了最后的成功，而那些失败的人们，从根源上来讲都是败于不自知。而所谓的"知己"，就是要充分认识自身的实力，对自己有准的定位，明确自身的优点和缺点，既不盲目自大，也不妄自菲薄，在这一点上，无论是单个的人、动物，还是一个组织与团体都是如此。

在一个人的成长、发展过程中，对自己充满自信是可取的，但过分的自信则成为自负，这是非常不利的。

巴纳姆效应也告诉人们，人难有自知之明。虽然人们总是自认为了解自己，可真正具有自知之明并非易事。也正因为难在自知，所以有很多人经常看不到自身的缺点与不足，也不能很好地利用自己的优点与长处。他们常常选择不适合自己的发展方向或人生道路，甚至在选择朋友与伴侣时也要走很多弯路。

既然认识自己和了解自己是如此的重要，人们应当如何做到这两点呢？

要想更好地认识自己，人们必须学会用辩证的方式来看待自己。每个人都有优点和缺点，世界上既不存在十全十美的完人，也不存在完全一无是处的人。要在竞争中处于不败之地，就必须对自身有深刻的了解，知道什么是自己的软肋、什么是自身的长处，这样才能够扬长补短，在强势之处主动出击，对弱势之处加强保护，既保存自己，又打击对手，最终立于不败之地。

因此，人们在分析自身优劣势的时候，一定要尽可能地保持冷静和客观。既不要一味地自我膨胀，也不要过分地自轻自贱。在面对别人的评价时，也要理性分析，既不要盲目听从，也不要一味排斥，要积极地吸收和借鉴那些对我们来说客观有用的指导，有效地甄别和过滤那些不负责任的猜测与妄断。

❖ 平常心思维：正确地认识自己

马克思说，妄自菲薄是一条毒蛇，它永远啮噬着人的心灵，吮吸着其中滋润生命的血液，注入厌世和绝望的毒液。

第十六届美国总统亚伯拉罕·林肯出身于一个鞋匠家庭，而当时的美国社会非常看重门第。林肯竞选总统前夕，在参议院演说时，遭到了一个参议员的羞辱。那位参议员说："林肯先生，在你开始演讲之前，我希望你记住你是一个鞋匠的儿子。"

"我非常感谢你使我想起我的父亲，他已经过世了，我一定会永远记住你的忠告，我知道我做总统无法像我父亲做鞋匠做得那么好。"

参议院陷入一阵沉默里，林肯转头对那个傲慢的参议员说："就我所知，我的父亲以前也为你的家人做过鞋子，如果你的鞋子不合脚，我可以帮你改正它。虽然我不是伟大的鞋匠，但我从小就跟随父亲学到了做鞋子的技术。"

然后，他又对所有的参议员说："对参议院的任何人都一样，如果你们穿的那双鞋是我父亲做的，而它们需要修理或改善，我一定尽可能帮忙。但是有一件事是可以肯定的，我无法像他那么伟大，他的手艺是无人能比的。"说到这里，林肯流下了眼泪，所有的嘲笑都化成了真诚的掌声。

人的家庭出身无可更改，但这出身并不能决定你的一生，关键是不要妄自菲薄，自己瞧不起自己。不要否认、不要辩解，坦然地面对这一切，真诚地热爱你平凡普通的父母，这样才会真正赢得别人的尊重。

有人说，自信是"他信"的前提。的确，你自己都没有底气，别人凭什么相信你呢？请自信地做人，自信地做事，自信地说话，自信地追求并坚守，千万别轻易地怀疑自己。

生活中有些人缺乏自信心，总是忽略自身的优点，陷入自卑而无法自拔。以至于别人说什么就是什么，跟随别人的言论或想法，这样的人往往不会有大成就，一辈子平平淡淡、一事无成。究其原因，多数是因为他们没有自信，遇事不能坚持自我，往往随波逐流，容易听从别人的建议。

有自信的人为了追求自己的梦想去拼搏、去奋斗，哪怕是失败了，他们也不会退缩。虽然失败了，但能从中获得经验，为下一次成功打下基础。他们这些人往往有自己的主见，善于倾听自己的心声，果断地处理好每一件事。所以，和这些人接触的人一般都会被他们这种自信心所打动，都会佩服他们的魄力和胆识，这样，这些人也愿意和他们接触、交往。

一个自信的人往往会感染身边的人，如果你是一个公司的老板，你身上散发出来的自信会给你的员工带来动力，会给你的企业带来活力。如果你是一个自信的人，那么你身边的朋友也乐意和你交往，因为你的这种自信也会帮他们提升自信心，从而自信地去生活、去工作！

杰克是一个有理想的青年人，他喜欢创作，立志当个像山姆一样的大作家。

山姆是杰克崇拜的大作家，杰克常常在杂志上看见山姆的名字。杰克发现，山姆非常"高产"，并且创造风格多样化，从作品涉及的内容看，其人的知识、见识极其广博。

他以山姆为偶像，杰克开始文学创作。慢慢地，杰克也能发表作品了。杰克高兴地努力地写啊写，从趋势上看，他是进步的。

然而，写了几年后，杰克沮丧地发现，自己想要赶上山姆，简直是白日做梦。山姆酷似一台创作机器，任意翻开一册新一期的杂志，几乎都可以看见山姆的名字。"我就是每天不睡觉，也写不出那么多的作品。"杰克心想，"山姆多样化的创作风格，可以吸引着不同欣赏癖好的读者，而自己，仅有一种创作风格；山姆犹如一个无所不知无所不晓的'万事通'，而自己，相比之下，显得懂得太少了。"

杰克开始怀疑自己了，怀疑自己的才气、怀疑自己的学识，甚至怀疑自己不是文学创作这块料。

在种种怀疑中，杰克信心尽失。慢慢地，他远离了创作。他死心塌地做了一名运输垃圾的司机。在这条奔波在垃圾处理场的路上，杰克老了。

这一天，老杰克到一家杂志社去运垃圾，看到一些滞销的旧杂志。老杰克随手拾起了一册翻了翻，又看见了山姆的名字。忽然，老杰克想跟杂志社的人打听打听山姆。事实上，除了山姆的名字和他的作品。老杰克对山姆本人是一无所知。杂志社的人笑着告诉老杰克："山姆这个人根本不存在。我们杂志社把作者姓名不详的文章，一概署名为山姆，其他杂志社也有这个习惯。所以，山姆的名字常常出现在杂志上。"

听后，老杰克怔在了原地。原来，让他信心丧失、理想破灭、一生暗淡的，竟是一个根本不存在的人。

在生活中，你可以欣赏到别人的优秀，努力向别人看齐。但是一定要摆正自己的位置，调整好自己的心态，不盲目自夸、不妄自菲薄，正确对待荣与辱、苦与乐、得与失。

❖ 角色意识：定好位才能发挥你的特长

常言道："垃圾是放错位置的宝贝。"同样，宝贝放错了地方也就变成了垃圾，而人找错了位置也难以自由地发挥。由此可见找到正确位置的重要性。心有多大，舞台就有多大，如果你能找准自己的舞台，随时调整自己，我们所设计的人生理想也将更具有实现的可能性。

如何发现并找到自己的位置？

这与一个人的目光有关。以爬树为例，如果我们一直向上看的话，那么我们就会觉得自己一直在下面；如果一直向下看的话，那么就会觉得一直在上面。所以，我们感觉到的位置取决于我们是在朝前看，还是向后看。如果一直觉得自己在后面，那么我们肯定是一直在向前看；如果一直觉得在前面，那么肯定是一直向后看。换一种眼光就会明白自己不同的位置，进而能相对客观地明白自己的处境和真正的位置。明白了自己真正的位置，我们才能明白自己的能力和这个位置真正需要的能力。

每个人都要有与位置相符的能力。世界第一高峰珠穆朗玛峰之所以是攀登者心中的圣地，就在于它本身拥有的高度；哈佛大学之所以是众多人心目中的理想殿堂，就在于哈佛本身的实力，所以，我们要看到珠穆朗玛峰、哈佛大学它们本身的价值，因为这才是最本质的东西。一块石头并不会因为一个美丽的盒子就成了宝石，而一颗金子即便在一个角落里也会发光。我们要学会让自己拥有这个位置需要的能力，要给自己的能力找一个合适的位置。

名正才能言顺，安于其位才能尽好自己的责任。在社会的大舞台上，我们会有不同的角色，处在不同的位置。有时，即使是同一个角色，随着剧情的推演也会有所变化。我们能做的就是了解自身的能力，给自己一个好的位置。

徐向阳中年下岗，为了生计，他通过托亲戚、朋友帮忙，终于在一家酒店上班了。虽然工作不是很累，但总觉得没什么前途。后来回到老家，徐向阳开始调整自己的思路："自己以前不是在报刊上发表了不少文章吗，为什么不把它们复印下来，装订成册呢？也许有了这些资本，还能找一个不错的工作。"

在省城，徐向阳跑了很多场招聘会，专门找一些需要文字工作的岗位应聘，结果单薄的大专文凭和已不小的年龄让徐向阳举步维艰。那些日子里，徐向阳每天做的事，就是买报纸看招聘广告、赶场应聘、投放简历，然后在一些含糊的答复中等待招聘单位的消息。

一天，徐向阳等到了一家文化单位面试的电话通知。那一刻，徐向阳的心里酸甜苦辣，什么滋味都有。徐向阳精心准备了面试可能要回答的问题，直到凌晨3点才进入梦乡。

天道酬勤，徐向阳十几年的工作经验，还有那些剪辑的文章帮了他的忙。这次没有太多的波折，徐向阳从20余名应聘者中脱颖而出，成了一名内刊编辑。

一年来，徐向阳一边工作，一边努力学习编辑的业务技能和刊物的行业知识，他负责编辑的文章没有出现过一次差错，还有几篇还获得了省期刊年度好编辑奖。业余时间，徐向阳撰写了一些文章投给全国各地的报纸杂志，发表各类文章300余篇。

徐向阳找准了自己的位置，实现了自身的价值。

对一个人来说，生活中最大的困难不是失败与挫折，而是如何摆正自己的位置。挫折、失败只是人们遭受的外来的"痛苦"，而如果没有内在的调整，没有迅速恢复的能力，没有一个好心态，就无法从痛苦中走出。有时，正是外在的不幸或际遇，让一个人找到了更好的位置。鲁迅原本想通过学医来救治国人的身体，但最终他弃医从文，拾起手中的笔杆作"匕首"；史铁生饱受几十年坐轮椅的痛苦，但他不屈服于命运的安排，从纸笔中发现了自己的文学才华，展示了一个更积极、更健康的自己。

有时，伟人之所以是伟人，在于那个位置能让他去调整自己、锻炼能力。每个人都可以去选择自己的位置、选择自己的生活方式。位置本身并没有绝对的好坏高低，不同的位置会有不同的精彩。

只要我们安心于自己的位置，能够在这个位置上付出，便会有自己的精彩，在自己的位置上构筑一个丰富的世界。不满于自己的位置，但又不清楚自身的能力，找不到合适位置的人，总是在飘忽不定，甚至会失去更多的风景。

在生活中，我们每个人都想最大限度地发挥自己的能量，在更大程度上获得社会的承认。而要想做到这一点，我们需要根据自己的特长和爱好选准适合自己扮演的社会角色。

❖ 意志品质：在哪里跌倒，从哪里站起来

世上有一种人，总是存在极强的依赖心理，习惯依靠"拐杖"走路，尤其是依靠别人的"拐杖"走路。

有些人认为自己永远会从别人的帮助中获益，却不知道力量是每一个志存高远者的目标，而依靠他人只会使自己变得懦弱。

力量是自发的，不依赖于他人。例如，坐在健身房里让别人替你练习，是无法增强你自己的肌肉力量的。没有什么比依靠他人更能破坏独立自主精神的了。

生活中最大的危险，就是依赖他人来保障自己。靠"拐杖"而不想自己一个人走，有依赖，就不会想独立，其结果是给自己的未来挖下失败的陷阱。

美国总统约翰·肯尼迪的父亲从小就注意对儿子独立性格和精神状态的培养。有一次，他赶着马车带肯尼迪出去游玩。在一个拐弯处，因为马车速度很快，猛地把小肯尼迪甩了出去。当马车停住时，小肯尼迪以为父亲会下来把他扶起来，但父亲却坐在车上悠闲地掏出烟吸起来。

小肯尼迪叫道："爸爸，快来扶我。"

"你摔疼了吗？"

"是的，我自己感觉已站不起来了。"儿子带着哭腔说。

"那也要坚持站起来，重新爬上马车。"

小肯尼迪挣扎着自己站了起来，摇摇晃晃地走近马车，艰难地爬了上来。

父亲摇动着鞭子问："你知道为什么让你这么做吗？"

小肯尼迪摇了摇头。

父亲接着说："人生就是这样，跌倒、爬起来、奔跑，再跌倒、再爬起来、再奔跑。在任何时候都要全靠自己，没人会去扶你的。"

雨果曾经写道："我宁愿靠自己的力量打开我的前途，而不愿求有力者的垂青。"只要一个人是活着的，他的前途就永远取决于自己，成功与失败，都只系于他自己身上。而依赖作为对生命的一种束缚，是一种寄生状态。

英国历史学家弗劳德说："一棵树如果要结出果实，必须先在土壤里扎下根。同样，一个人首先需要学会依靠自己、尊重自己，不接受他人的施舍，不等待命运的馈赠，只有在这样的基础上，才可能做出成就。"

将希望寄托于他人的帮助，便会形成惰性，失去独立思考和行动的能力；将希望寄托于某种强大的外力上，意志力就会被无情地吞噬掉。

真实人生的风风雨雨，只有靠自己去体会、去感受，没有一个人可以永远地为你提供荫庇。你应该掌握前进的方向，把握住目标，让目标似灯塔般在高远处闪光；你应该独立思考，有自己的主见，懂得自己解决问题。

其实，当一个人感到所有外部的帮助都已被切断之后，他就会尽最大的努力，以最坚忍不拔的毅力去奋斗，而结果他会发现，自己可以主宰自己命运的沉浮。

❖ "小处着眼"的思维：发现你所拥有的珍贵资源

很多人觉得自己拥有的东西很少，想要获得什么，又必须付出昂贵的代价。所以整天叹息"得不偿失"，其实，每个人都拥有很多，并且，都是珍贵而且免费的！

空气是人生最重要、最珍贵的资源，一刻都离不开。一个人离开了空气，很快就会窒息而亡。地球上的每个人，每时每刻都在呼吸着空气，依靠空气中的氧气生存。但是，没有人为之付费。

阳光与空气一样，也是人生离不开的、最重要、最珍贵的资源。如果没有阳光，我们人类，以及地球上的其他动物，还有大量的植物，都会灭亡。事实上，每个人的一生都在直接、间接地享受阳光送来的温暖和能量，但是，没有谁为自己直接享受到的阳光付出一分钱。

不仅是空气和阳光，人生离不开的免费的资源还有很多。

反过来看，这句话也告诉人们，人生最重要的资源几乎都是免费的，蓝天白云、青山绿水、还有和风细雨、朗朗霁月、璀璨群星、花香鸟语等，举不胜举，我们可以尽情欣赏、尽情享受。

精神方面同样如此。

亲情，是免费的。

每一个人来到这个世界，从小到大，都会受到父母的用心呵护。父母对孩子的爱，无微不至。此外，爷爷奶奶、姥爷姥姥，还有其他亲人的爱，都是饱含深情。我们每个人都是在亲情的呵护下长大的，是亲情使得我们的身心有依托和寄存；是亲情使我们享受到做人的快乐和幸福。而且，来自亲人的亲情，都是发自内心的爱所驱使的，不需要任何回报，每个人都能免费享受一生。

爱情，是免费的。

真正的爱情，发自内心的纯洁的爱，是最珍贵最重要的。而且，不由自主的仰慕、发自内心的思念、心心相印的依恋、牵肠挂肚的惦念、甜甜蜜蜜的疼爱，还有坚实的依靠、忠实的倾听、无拘无束的哭笑、相濡以沫的搀扶，都是免费的，是不需要金钱的，也是金钱无法买到的。正是这样一份免费的爱，使得人们享受到生命中最灿烂的光芒。

友情，是免费的。

财富不是永远的朋友，朋友却是永远的财富。这份永远的财富所依托的真诚的友情，同样是免费的。

想一想，让你开心的问候；让你温馨的祝福话语；让你踏实的有力支持；让你热泪盈眶的倾力相助，哪一个是需要金钱来维持的？

亲情、爱情、友情，为我们的心灵提供最重要的精神营养，使我们的人生有了快乐幸福的基础。这些好东西都是人生离不开的资源，是最重要、最珍贵的资源。

小骆驼随妈妈走出沙漠，看到马、牛、羊后，觉得自己浑身上下的东西都不如其他伙伴的好，情绪很低落。它问骆驼妈妈："妈妈，为什么我们的睫毛那么长，都挡住眼睛了，好难受呀！"

骆驼妈妈说："当风沙来的时候，长长的睫毛可以帮我们挡住风沙，让我们在风暴中都能睁开眼睛看清方向，不会在风沙中迷路。"

小骆驼又问："妈妈，为什么我们的背那么驼？好丑呀！"

骆驼妈妈说："这个叫驼峰，可以帮我们储存大量的水和养分，让我们能在沙漠里不吃不喝走十几天。"

小骆驼又问："妈妈，那为什么我们的脚掌那么厚？好笨呀！"

骆驼妈妈说："厚厚的脚掌可以让我们重重的身子不至于陷在柔软的沙子里，便于我们在沙漠里驮着一大堆东西走远路。"

小骆驼听完明白了，开心地对妈妈说："哇，原来我身上的这些东西这么有用啊！我再也不担心去沙漠里了。"

在现实生活中，很多人与这个寓言故事里的小骆驼一样，看不到自己的优点和资源，情绪低落，缺乏自信和勇气，一直徘徊不前。

小李是一个20多岁的北漂女孩，有一段时间她郁郁寡欢，眼睛里面没有年轻人应有的光芒。

一天，朋友与她聊天的时候，她叹息说自己水平差、没能力、没有什么前途。朋友提醒她保持自信，不要看不到自己的身上的优点。

她摇摇头叹息道："我哪里有什么优点呀。"

"你没有什么优点，那你有什么缺点呢？"朋友问

"缺点？好多呀。"紧接着小李说出了一堆缺点，"我学的专业不热门、反应慢、外语水平低、工作的经验少、脾气急、容易和别人吵架……"

"如果你没有优点，难道你的老板是个大笨蛋，雇用你这么一个没有优点、只有缺点的人？"朋友提醒她，"你再想想自己的优点。"

小李想了想："可是，我真是想不出自己有什么优点。"

"你还很年轻，而且很健康，这不是你的优点吗？"朋友笑了。

"这也算优点，别人都一样呀！"小李反问。

"这对你是不是好事？"朋友问，"你身上的特征，对你有好处，当然是优点，难道是缺点吗？"

随后，在朋友的启发下，小李明白了，自己身上确实有很多的优点，

工作踏实认真、会虚心接受批评、对朋友很友好、业余时间经常看有用的书、会主动想办法改进工作的质量。渐渐地，小李又找回了当初的自信。

像小李这样的人很多，因为自己的一些不足，就把自己看扁了，看不到自己的优点，更看不到自己拥有的有价值的资源。因此没有自信，缺乏挑战的勇气，不敢迈步向前。

不要看不到自己身上的亮点！

你需要在两个方面保持清醒：第一，不要把自己和其他人都拥有的不当一回事，不要只把与众不同的专长当成自己的亮点；第二，不要因为自己在一些方面有缺陷不足，就看不到自己身上的亮点。

遵守时间，工作踏实，对人友善，能够接受别人的意见等，这些都是应该做到的，也是很多人都做到了的。如果你做到了，这些就是你的优点——并不因为这是应该的，就不是优点；也不会因为别人也有这些优点，就不是你的优点。

同样，每个人都有一些有价值的资源，这些资源对自己的未来有好处、能够给自己的工作、生活提供有力的保障，能够为自己的未来创造更多的价值。例如年轻、身体健康、有一项专长、有某种经验，就是很有价值的资源。因为拥有这些资源，你就有在大江南北漂泊闯荡的底气，就有寻找新机会的实力。虽然身边很多人都有这样的资源，你的这些资源的价值并没有因此打折扣。只要你应用好了，就能给你带来很好的回报。

不要因为司空见惯，就对自己享有的珍贵资源视而不见，不要因为平平常常，就对自己拥有的美好生活麻木不仁。当你郁闷、忧伤的时候，静下心来想一想，自己生活中免费享受到的重要又珍贵的好东西，与使你郁闷、忧伤的那些不如意相比，哪个更有价值？

❖ 实践思维：推开成功的大门，没有想象中那么难

1968年，在墨西哥奥运会的百米赛道上，美国选手吉·海因斯撞线后，转过身子看运动场上的计时器，当指示灯打出了9.95的字样后，海因斯滩开双手自言自语地说了一句话。这一情景通过电视、网络，至少有几亿人看到，可是由于当时他身边没有话筒，因此海因斯到底说了些什么，谁都不知道。

1984年洛杉矶奥运会前夕，一位叫戴维·帕乐的记者在办公室回放墨西哥奥运会的资料片。当看到海因斯的镜头时，凭着做记者的敏感，他认定海因斯一定说了一句不同凡响的话，于是凭着自己做体育记者的优势，他很快找到了海因斯。当他提起16年前的故事时，海因斯想了想笑着说："当时难道没人听见吗？我说，上帝啊，成功那扇门原来是虚掩着的！"

谜底揭开之后，戴维·帕乐接着对海因斯进行了采访。

海因斯说："自美国运动员欧文斯于1936年在柏林奥运会上创下10.3秒的百米世界纪录之后，以詹姆斯·格拉森医生为代表的医学界断言，人类的肌肉纤维所承载的运动极限不会超过每秒10米。的确，这一纪录保持了32年。32年来，这一说法在田径场上非常流行，我也以为这是真的。但是，我想我应该跑出10.01秒的成绩。于是，我每天以自己最快的速度跑50公里。因为我知道，百米冠军不是在百米赛道上练出来的。当我在墨西哥奥运会上看到自己9.95秒的纪录之后，我惊呆了，原来10秒这扇门不是紧

锁着，就像终点那根横着的绳子，是可以跨越过去的！"

后来，戴维·帕乐根据采访写了一篇报道，填补了1968年奥运会留下的一个空白。而海因斯的那句话则给世人留下了非常重要的启迪！

无论你做什么样的工作，只要你努力地行动，就会发现成功之门都是虚掩着的。

很多时候，人们在做事情时都心存畏惧，当你坚持下去，你会发现成功并不难，阻碍你成功的唯一限制就是你头脑中对成功的那种误解。在成功的道路上，人会遇到很多挫折和坎坷，但是只要你能够很好地把握机遇，充满信心去挑战困难，你就会发现成功其实不难。

19岁的约翰是美国纽约的一名大学生，大学生活刚开始，约翰便开始爱上了图书馆，每天泡在图书馆里面翻阅历史、文学等各方面的书籍，这使他积累了非常丰富的知识。

上大二的时候，约翰想让自己多与社会接触，开始走出学校去寻找工作，他想，这样既可以找到自己的兴趣所在，也可以为未来择业和事业的发展多做有益的铺垫。

约翰有一个朋友在一家电视台做摄影师，因为他朋友的摄影水平很不错，所以一般有什么会议、活动，包括公司里有人结婚，公司都会请他去录像，约翰经常跟着他一起去录像。就这样在平时的帮忙中，约翰学到了很多关于摄影方面的知识。慢慢地，约翰也能够独立地拍些像样的带子出来。

于是，约翰决定自己去帮人拍一些录像，遇到有人打电话来拍婚庆录像，约翰背上摄影机就跑去了。一开始，他并没有打算挣什么钱，只是为了让自己的课余生活能够得到一些锻炼。但是，由于约翰在拍摄的时候能够注意到每一个细节、认真捕捉一些突发的场景，有时候还能根据主人的要求进行剪辑，越来越多的人都知道了约翰的技术，纷纷找他来拍婚礼录像，并给约翰一定的费用。

有一次新人婚礼上，约翰早早地到达场地准备好，等来宾到齐的时候，原来拟定的婚礼主持人却因为临时有事无法赶到现场。这一下操办婚礼的人可急坏了，宾客都来了，就等婚礼司仪了，这可怎么办？

在他们急得团团转的时候，不知道谁出了一个主意："拍录像的小伙子经常参加婚礼，让他来主持应该没有问题。"

在主人的再三恳求下，约翰接下了这个任务，不过能不能完成，他心里也没有底。约翰把自己关进一间小屋子里，设计婚礼的开场白。为了能够活跃现场气氛，约翰除了采用在婚礼仪式上的一些常规环节，还加了几个小小的创意。等婚礼开始时，约翰拿出在学校表演过的一些小节目，逗得在场的人哈哈大笑，结果这场婚礼举办得非常成功。事后主人不仅夸赞了约翰一番，而且还给了他一个大红包。

此后，很多人都知道了纽约有个既能拍摄婚礼录像，又会主持婚礼的大学生约翰，找约翰的人越来越多，他有时候一天要跑好几场，摄影兼做司仪。

随着约翰一手操办的婚礼次数越来越多，约翰有了开办一家属于自己的公司的想法，于是他便四处筹备，一家几个人的公司就这样运营起来了。经过约翰的不断经营，时至今日，它已经从一家原先只有十几平方米的小店发展到了2000平方米的规模，约翰推出的婚庆服务也是花样齐全，包括婚礼主持、摄像、婚纱摄影、鲜花外卖、预订酒席等几十个品种。不到30岁的他已经是身价百万了。

通过这个创业成功的故事，你会发现，其实成功没有想象中那么难，成功的机遇就在我们身边，关键是要去尝试、去实践，耐心地朝自己的目标奋斗，只要你能够做出别样的精彩，那么成功也只不过是窗户上的一层纸而已。想要成功，关键是你应该在内心建立一种"我要成功"的积极、自信的心态，并为之不断地朝自己的目标努力奋斗，你会发现，推开成功的大门，没有想象中的那么难。

延 伸 阅 读：寻找真实的自己

请如实回答下列问题。

我的姓名：

我的性别：

我的出生日期：

我的出生地点：

我是跟谁一起长大的：

我到现在这样一个状况，影响我最大的人：

我的性格特征：

我对自己的评价：

现在，请确认你刚写下的内容。

先大声读一遍。

有什么样的感觉呢？

现在请你确认，你所写的是真实的。

大声朗读：我写的每个字都是真实的，我对自己完全负责！

现在我再问你一个问题：你怎么确定你的答案是事实呢？你为什么会确定你叫现在这个名字呢？

因为家人这样叫你，朋友这样叫你，身份证上也这样写着，而且从你记事开始就这样叫了，是这样的吗？

万一所有人都弄错了呢？

即便他们没有错，那么，假如有另一个人也叫与你同样的名字，那么他会不会也是"你"呢？他与你有什么样的关系呢？

换句话说，请你百分之百确定自己的身份。

这样的思考你从来没有做过吗？这其实也是一种智慧。想一想，得到了怎样的启示？不用写下来，在心里仔细想一想。

想好了吗？现在确认。

充满信心地、大声地读一遍刚才的8句话。

我的姓名：

我的性别：

我的出生日期：

我的出生地点：

我是跟谁一起长大的：

我到现在这样一个状况，影响我最大的人：

我的性格特征：

我对自己的评价：

——这就是我！

请翻开你的影集，找一张你最满意、最喜欢、最能代表你的照片出来，然后按照要求张贴在下面的方框里。

现在，仔细观察自己。回答下列问题：

你确定照片上的人真的是你吗？

你喜欢照片上的人吗？

你能描述一下照片上的人的表情吗？

你可以猜测一下他内心正在想什么吗？

如果真的是你，要你现在去照一张照片，还会采用同样的姿势吗？

假设，你现在是另一个人，而且是异性，你愿意与照片上的人一起生活吗?

活吗?

对于照片上的人,你还有哪里不满意吗?

如果可以修正,你希望哪里变得更好?

——看到了吧?

一定会有一些地方是你不满意的,比如服装、表情、笑容、手势、颜色、光线、形状、背景等等。

这就是我们需要改变自己的地方。

这样问过之后,你可能不太敢确定自己的形象。

那么现在要给你布置一个作业,请你尽快安排一个时间去拍另外一张照片,一定要精心设计、力求完美。标准是,当你拿着这张照片给别人看的时候会感到自豪,你可以非常自信、非常满意地让任何人认识你,只要看到这张照片你就会快乐起来,进入兴奋状态。那么就可以确认,那是完美的你。

拿到照片的时候,最好假设照片中的自己是一个和你年龄相仿的异性,正是你在寻找的白头偕老的伴侣。

如果你真的开始这样喜欢自己,那么你尽可以相信,世界上会有很多人也一样喜欢你。

要尽快确认这样一个你。

把你认为满意的照片张贴在明显处。

告诉自己:这就是我心目中完美的我!

第 二 章

◇

挫 折 动 力
——如乞丐般忍辱负重，像伟人那样获得成功

❖ 逆境定理：每种逆境都蕴有成功的种子

人生在世，不可能万事都一帆风顺。当你遭遇到失败时，当一切看似暗淡无光时，当你的问题看起来似乎不会有什么好的解决办法时，你该怎样做呢？难道你要无所作为，听任困难压倒你吗？每种逆境都含有等量利益的种子，只要心存信念，勇敢地站起来，总有奇迹发生。

美国作家欧·亨利在他的小说《最后一片叶子》里讲了个故事。

病房里，一个生命垂危的病人从房间里看见窗外的一棵树，在秋风中，树叶一片片地掉落下来。病人望着眼前的萧萧落叶，身体也随之每况愈下，一天不如一天。她说："当树叶全部掉光时，我也就要死了。"一位老画家得知后，用彩笔画了一片叶脉青翠的树叶挂在树枝上。最后一片叶子始终没掉下来。只因为生命中的这片绿，病人竟奇迹般地活了下来。

有个年轻人去微软公司应聘，而该公司并没有刊登过招聘广告。总经理见到他疑惑不解，年轻人用不太娴熟的英语解释说，自己是碰巧路过这里，就贸然进来了。总经理感觉很新鲜，破例让他一试。面试的结果出人意料，年轻人表现很糟糕。他对总经理的解释是事先没有准备，总经理以为他不过是找个托词下台阶，就随口应道："等你准备好了再来试吧。"

　　一周后，年轻人再次走进微软公司的大门，这次他依然没有成功。但比起第一次，他的表现要好得多。而总经理给他的回答仍然同上次一样："等你准备好了再来试。"就这样，这个青年先后5次踏进微软公司的大门，最终被公司录用，成为公司的重点培养对象。

　　也许，我们的人生旅途上沼泽遍布、荆棘丛生；也许我们追求的风景总是山重水复，不见柳暗花明；也许，我们虔诚的信念会被世俗的尘雾缠绕，而不能自由翱翔。那么，我们为什么不可以以勇敢者的气魄，坚定而自信地对自己说一声："再试一次！"你就有可能达到成功的彼岸！

　　罗尔夫·斯克尼迪尔是享誉全球的制表集团公司的总裁。当人们问及其从事制造高精密度手表多年中最推崇的理念是什么时，他回答道："永不低头，做'失败'的头号敌人。"

　　向来成功的背后，必是不能自主的挫折，这些对于罗尔夫·斯克尼迪尔亦复如斯，因为他永远踩着比别人更不屈不挠的步伐，失败、跌倒对他来说，只是寻常小事。也正因为如此，罗尔夫·斯克尼迪尔说："我是'失败'的头号敌人，因为我从不轻易放弃任何一件事情与机会，所以也绝不会被失败打倒。"

　　面对挫折和失败，你需要重整旗鼓，乱中求变。在变的过程中一定会遇到很大的阻力。变有可能成功，也可能不成功，但成功就在你最后坚持的时候。你已在怀疑自己的方法对不对的时候，已没有信心的时候，曙光就出现了。坚持到最后一刻，成功就在向你招手了。

❖ 压力管理：把烦人的压力，变成积极的动力

很多成年人都爱说，要是我们永远不长大，做一个单纯懵懂的孩子，不用承担来自事业、情感、家庭、社会的压力，生活一定很甜蜜和轻松，世界一定很美好！

其实，这样的说法是有很多破绽的——因为压力本来就是无所不在的，从一个人出生开始，压力就如影随形。即使作为一个孩子，虽然没有生计的烦恼，却也要熟悉这个新世界的冷热惊喜，也会有各种各样莫名其妙的需求及无法满足的失落。

等到稍大一点，孩子又会因为复杂的社会因素，与他人进行竞争，形成实际的压力。只要孩子对生活有了较为明确的目标和要求，就必须承受一份来自环境、体系、制度的压力。但是，因为孩子天性中具备接受新鲜事物的特质，所以他们大多能很快消除压力带来的不适，进而稳重、沉着地应对挑战。

压力有大有小，你把它看得重，它就重；你把它看得轻，它就轻。与孩子的善于遗忘和善于学习相比，成年人由于太依赖习惯和常规，对压力的态度就显得不那么友好！

然而，适当的压力对人来说，绝对是不可缺少的清醒剂。它让你不畏惧困难，懂得思考如何进入新的局面、如何打破旧的格局，甚至让你萌发自信和勇气，这些都是帮助你将来获得幸福的先决条件。任何人都

要接受压力的挑战！著名的凯撒从一个没落贵族荣升到罗马最高统帅，建立起庞大的帝国，每个时期他都肩负沉重压力，并跨越重重险阻，最终才收获成功。

凯撒19岁时，家族权威人士从集团利益出发，要求他放弃原来的婚约，与当权派人家的女儿攀亲，甚至不惜使出各种手段进行胁迫。然而面对压顶的阻力，凯撒毫不退缩，坚持自己的主张，甘愿让个人财产和妻子的嫁妆被没收，并上演了一场出逃完婚的剧目，为自己赢得了信守诺言的美誉。

当凯撒解除了第一个巨大压力后，他又用了足足38年的时间，一步步从军营、战场，走向政坛，而在这过程中，他时刻都要对抗难以计数的压力。在与压力抗衡的过程中，凯撒没有浪费时间去烦恼，而是把越来越沉重的压力变成动力，他不断挖掘自己的各种优势，包括发挥他的军事才能，并用他英俊的容貌、机智的谈吐以及坚毅镇定的心志博得大家的重视，彻底扫除拦在成功前面的障碍。

美国总统华盛顿说："一切和谐与平衡，健康与健美，成功与幸福，都是由乐观与希望的向上心理产生的。"不因压力而放弃既定的目标，这是凯撒取得辉煌成就的原因之一。

其实，遭遇压力时最聪明的做法就是赶紧跳出来，分析自己的压力来源，思考如何将它转变成有效的动力。

压力太大，容易让人一蹶不振；压力太小，则容易让人滋生惰性。适度的压力，不仅能让人保持清醒和活力，还能让人产生自我认同的心理。

拿拳击比赛来说，有经验的教练都会帮选手挑选实力差不多、刚好可以刺激选手斗志的陪练进行训练，让选手可以在每一次比试中慢慢地进步。因为有外来的刺激，选手不会有停滞不前的困惑，也不会盲目自信，如此他们才能通过不断克服压力，逐渐提升自己的实力。

既然压力人人都有，无法完全消除，那么，我们不妨利用压力来改变我们的生活，创造出一个自己想要的结果。诗人歌德说："大自然把人们困在黑暗之中，迫使人们永远向往光明。"

每个人在每个时期都会碰到压力。压力来临的时候，我们千万不要退缩、回避，而是该认真地接受它，找到改善的方法，如此才能把因为情绪所产生的不必要的压力统统释放！

用勇气和智慧去正视压力，压力就会变小，事态也会渐渐朝好的方向变换，这就是眼前的大成功！

❖ 开窗心态：关上"悲观"的门后，

总有一扇"乐观"的窗会打开

心理学家马丁·塞利格曼认为，对自己和世界的乐观看法，就像一副坚固的盔甲，他能保护我们不被抑郁、自卑、失望和挫折所压倒。乐观者的心胸是开阔的，白天能照进阳光，夜晚能仰望星空；而悲观者则相反，哪怕只是一块窗帘挡住了光明，他们也会认为世界一片漆黑。

正如海伦·凯勒所说："没有一个悲观的人发现过星星的秘密，寻找过一个从未在地图上出现的大陆，或者向人类打开一扇新的通往天堂的大门。"

当上帝关上门的时候，一定在某个地方打开了一扇窗。上帝关上这扇门，是警示你选择的道路和方法错了；为你打开一扇窗，是为你展现新的希望。

古时有一位国王，梦见山倒塌了、水枯竭了、花儿也谢了，他不知是吉兆还是凶兆，便叫来王后给他解梦。王后一听，大惊失色，说道："山倒塌了暗示江山要倒；水枯竭了暗示民众离心，因为君是舟，民是水，水枯了，舟就不能航行了，换句话说，百姓不再拥戴国王了；花谢了暗指好景不长了。"国王听后，惊出一身冷汗，从此病倒了，而且病情日渐严重。

一位大臣来看望国王，国王在病榻上说出了他的心事，大臣听后，竟然大笑道："这梦是大吉啊！山倒了指从此天下太平；水枯了，真龙就要现身了，国王，您是真龙天子啊！花谢了，花谢见果呀！"国王听后，舒心地笑了，身体很快就康复了。

这就如同"水杯是半空，还是半满"的辩证道理一样，拥有积极心态的人看见半杯水，会说："啊，原来还有半杯啊！"；而悲观之人则会叹息："唉！怎么只有半杯呢?"同是失去半杯水的挫折，却有两种不同的声音。这不仅是悲观者和乐观者的差异，也是一种心态的差异。

美国成功学大师拿破仑·希尔说过："人与人之间只有很小的差异，但是这种很小的差异却造成了巨大的差距！很小的差异就是所具备的心态是积极的还是消极的，巨大的差距就是成功和失败。"

威尔逊先生是一位成功的商人，他从一个普普通通的事务所的小职员做起，经过多年奋斗，终于拥有了自己的公司，并且受到了人们的尊敬。

有一天，威尔逊先生从他的办公楼走出来，刚走到街上，就听见身后传来"嗒嗒嗒"的声音，那是盲人用竹竿敲打地面发出的声响。

威尔逊先生愣了一下，缓缓地转过身。

那盲人感觉到前面有人，上前说道："尊敬的先生，您一定发现我是个可怜的盲人，能不能占用您一点点时间呢?"

威尔逊先生说："我要去会见一个重要的客户，你要什么就快说吧。"

盲人在一个包里摸索了一会儿，掏出一个打火机，递给威尔逊先生，说："先生，这个打火机只卖1美元，这可是最好的打火机啊！"

威尔逊先生听了，叹了口气，掏出一张钞票递给盲人："我不抽烟，但我愿意帮助你。这个打火机，也许我可以送给开电梯的小伙子。"

盲人用手摸了一下那张钞票，竟然是100美元！他用颤抖的手反复抚摸着，嘴里连连感激着："您是我遇见过的最慷慨的人！仁慈的富人啊，我为您祈祷！愿上帝保佑您！"

威尔逊先生笑了笑，正准备走，盲人拉住他，又喋喋不休地说："您不知道，我并不是一生下来就失明的，是因为23年前布尔顿的那次事故，太可怕了！"

威尔逊先生一震，问："你是那次化工厂爆炸中失明的吗？"

盲人仿佛遇见了知音，兴奋得连连点头："是啊是啊，您也知道？这也难怪，那次光炸死的人就有93个，伤的人恐怕有好几百吧！"

盲人想用自己的遭遇打动对方，争取多得到一些钱，他可怜巴巴地说下去："我真可怜啊！到处流浪，孤苦伶仃，吃了上顿没下顿，死了都没人知道！"他越说越激动，"您不知道当时的情况，火一下子冒了出来！仿佛是从地狱中冒出来的！逃命的人都挤到一起，我好不容易冲到门口，可一个大个子在我身后大喊：'让我先出去，我还年轻，我不想死！'他把我推倒了，踩着我的身体跑了出去！我失去了知觉，等我醒来，就失明了，命运真不公平呀！"

威尔逊先生冷冷地道："事实恐怕不是这样吧？"

盲人一惊，呆呆地怔在原地。

威尔逊先生一字一顿地说："我当时也在布尔顿化工厂当工人。是你从我的身上踏过去的！你说的那句'你长得比我高大，让我先出去！'我永远都忘不了！"

盲人站了好长时间，突然抓住威尔逊先生，爆发出一阵大笑："这就是命运啊！不公平的命运！你在里面，现在出人头地了，我跑了出来，却成了一个没有用的盲人！"

威尔逊先生推开盲人的手，举起了手中一根精致的棕榈手杖，平静地说："你知道吗？我也是一个盲人。"

假如威尔逊没有一种乐观的心态，那么当双目失明的时候，任何梦想都会随之破灭。"我看不见光明，看不见色彩，更看不见成功。"按照这种思维逻辑，威尔逊很可能就此安守本分，做一个普通的盲人，在自怜和贫寒中度过一生。

乐观的人遇到挫折，总会把它变为一种转折。而乐观并不等于不切实际的幻想，也不意味着否认问题的存在，或逃避直面痛苦的责任。它是一种思维方式，也是一种面对挑战的态度。乐观可以使我们看到：未来是有希望的，也是可以去争取的，它促使我们说"我能"，而不是"我不能"。它让我们看到一只半满的杯子，而不是半空的杯子。

"塞翁失马"是一个非常有趣的故事，至今仍然为人津津乐道。但是，你可以转换思维，思考一下，假如你是塞翁，你会怎么做？

塞翁第一次遭遇不幸，是失去了一匹马。当时一匹马何其珍贵。于是，邻居叹息地说："哎呀，你的运气太差了，以后该怎么办啊？"塞翁却回答道："是祸还是福，有谁知道呢？"

果不其然，塞翁丢失的马不仅失而复得，还带来了另一匹马。这时邻居前来祝贺："你的运气真好！"然而塞翁还是那句话："是祸还是福，有谁知道呢？"

后来，塞翁的儿子骑马，摔断了腿，这看似祸害，然而却让他逃过了兵役，保住了性命。

大多数人都很像这个邻居，总是急于判断一件事到底是好还是坏。"啊，天哪，这下可糟了。"在遭受损失和困难时，我们常常这样想，于是，我们迫不及待地想采取措施，试图挽救局面。然而，在紧张、焦虑的情况下解决问题，结果往往不尽如人意。

老子在《道德经》里说的："孰能浊以静之，徐清；孰能安以久动之，徐生。"也就是说，"清"与"浊""动"与"静"并不是绝对的，而是可以依据一定的条件相互转化。这与"非黑即白"的是非观有着很大的不同，它更强调周围的环境和条件所带来的有利因素。

波伊提乌是公元6世纪古罗马最重要的哲学家之一，他的著作无论是在当时还是现在，对人们的思想都有着重大影响，也是西方哲学的奠基石。

不过，波伊提乌并不是轻而易举就取得了这样的成绩，他的名著《哲学的慰藉》中就向大家展示了一段他"因祸得福"的经历。

波伊提乌曾是一位杰出的政治家、演说家，住在东哥特王朝和罗马皇帝奥地利的宫殿里。当时，他享有很高的声誉和社会地位，与另一位名人沃伦·贝蒂相比，波伊提乌有过之而无不及。此外，他的家庭生活也很美满，儿子同样是个才华横溢的人。波伊提乌的生活看上去非常完美，因此大家都很羡慕他。越来越多的人开始嫉妒波伊提乌，并在国王面前诽谤他，有的人甚至暗示国王说波伊提乌是叛变分子。最后，国王听信了大家的谗言，并把莫须有的叛国罪安到波伊提乌身上。一夜之间，他就由哲学家沦为了阶下囚。

开始，波伊提乌不停地申诉冤屈，希望能得到平反。然而却没有什么效果。渐渐地，他明白了一个道理："呐喊是没有用的！不过我还能思考。"

于是，他开始整理自己的思绪，寻找解决人类问题的根源。通过努力，波伊提乌提出了著名的"命运转盘"。

我们通常都会面临一些看上去像"灾祸"的事情，比如老板突然安排了一堆任务，自己却没有时间做完；上司总是吹毛求疵，对自己态度恶劣。但是若能换一个思路却又成了这番景象，老板给我那么多任务，说明我的工作能力强，我一定要尽力完成，说不定还有升职的机会呢；上司对我要求严格，是因为我做得还不够好，我争取要做得更加完美！

❖ 逆境商数：学会在逆境中"蹦极"

一个人逆境商数越高，越能以弹性面对逆境，积极乐观，接受困难的挑战，发挥创意找出解决方案，因此能不屈不挠、越挫越勇，而终究表现卓越。

相反的，逆境商数低的人，则会感到沮丧、迷失，处处抱怨、缺乏创意而往往半途而废、自暴自弃，终究一事无成。

逆境商数不但与我们的工作表现息息相关，更是一个人是否快乐的关键。尤其在大环境不景气的当下，不论是在职或待业，突发状况的发生概率都会提高，因此练就一身应对逆境的好本领，就越显重要了。

一位女儿向父亲抱怨她的生活，她已厌倦抗争和奋斗，想要自暴自弃。
她的父亲把她带进厨房，分别往3只烧开了水的锅里放了胡萝卜、鸡蛋以及咖啡粉。大约20分钟后，父亲把火关了，问女儿："亲爱的，你看见什么了？"

父亲继续说："这三样东西面临同样的逆境——煮沸的开水，但其反应各不相同。胡萝卜入锅之前是强壮的，但进入开水之后，它变软了。鸡蛋原来是易碎的，但是经开水一煮，它的内脏变硬了。而粉状咖啡豆则很独特，进入沸水之后，它们倒改变了水。"

"哪个是你呢？"他反问女儿。

当逆境找上门来时，你该如何反应？你是胡萝卜，是鸡蛋，还是咖啡豆呢？面对逆境，有的人自暴自弃，有的人却越挫越勇。

那么，行走职场，你是否也在经受来自"逆商"的考验？你的"逆商"指数有多高？眼下的挫折又能否变为财富？

外科医生阿费列德在解剖尸体时发现一个奇怪现象，那些患病器官并不像我们想象的那样糟，相反，却比其他健康器官的机能还要强。经过深入研究，他发现，这是因为这些器官在与疾病的长期抗争中，因不断经受考验而变得越来越强。在给美术学院的学生治病时，阿费列德又发现了一个奇怪现象，这些学生的视力大不如其他专业的学生，有的甚至是色盲。缺陷没有成为他们的"拦路虎"，反而成为他们前行的"原动力"。

由此，阿费列德提出了著名的"跨栏定理"：你面前的栏越高你跳得也就越高。即一个人的成就大小往往取决于他所遇到的困难的程度。

美国的《成功》杂志每年都会评选当年"最伟大的东山再起者"，他们的传奇经历中都有一个共同点，那就是他们在遇到难以克服的困难时始终保持乐观的态度，从不轻言放弃。实际上，许多成功者正是在逆境、困难的磨炼中成长起来的。无数事实证明，越是优秀的人才，越能在身处逆境时激发活力、释放潜能。

塞尔玛陪伴丈夫驻扎在一个沙漠的陆军基地里。丈夫奉命到沙漠里去演习，她一个人留在陆军的小铁皮房子里，天气非常炎热，而且她很孤独，没有人可以聊天，身边只有墨西哥人和印第安人，而他们不会说英语。她非常难过，于是就写信给父母，说要丢开一切回家去。她父亲的回信只有两行，这两行信却永远留在她心中，完全改变了她的生活。信中写道："两个人从牢中的铁窗望出去，一个看到泥上，一个却看到了星星。"

塞尔玛一再读这封信，觉得非常惭愧，她决定要在沙漠中找到星星。

塞尔玛开始和当地人交朋友，他们的反应使她非常惊奇。她对他们的纺织、陶器表示兴趣，他们却把舍不得卖给观光客人的纺织品和陶器送给了塞尔玛。塞尔玛研究那些引人入迷的仙人掌和各种沙漠植物、物态，又学习了有关土拔鼠的知识。她观看沙漠日落，还寻找海螺壳……原来难以忍受的环境却变成了令人兴奋、流连忘返的奇景。

沙漠没有改变，印第安人也没有改变。是什么使塞尔玛发生了这么大的转变呢？是她的心态，是她对生活的一种热情。重燃的生活热情，使她把原先认为恶劣的情况变为一生中最有意义的冒险。

生活中，许多人都不愿遇到困难和矛盾。有时在困难面前，心情焦躁，寝食难安，甚至觉得暗无天日。而一旦克服了困难、解决了矛盾，又觉得欣喜异常，天蓝水美。

实际上，人应该学会以平常心来对待矛盾和困难。人的一生中，不可能永远一帆风顺。活着，就是遇到困难、克服困难、再遇到新困难、再去战胜困难的过程。不断战胜困难、超越自我，正是生命的意义所在。

❖ 世上无难事，只怕有心人

你之所以说难，其实只是自己不愿意战胜困难的一种借口而已。

我们在面对眼前的困难的时候，先把"不可能"放到一边，只想自己是否竭尽全力。学会想尽一切办法、尽一切可能去努力解决掉问题。世界上没有"天大的问题"，任何问题都会解决，没有天大的困难，只有面对困难时没有尽力造成的遗憾和悔恨。

24岁的海军军官卡特，应召去见将军海曼·李科弗。将军让卡特挑选任何他愿意谈论并且擅长的话题，然后将军再和卡特去讨论，结果每次将军都将他问得直冒冷汗。

卡特才发现自己懂得实在是太少了。在谈话结束的时候，将军问他在海军学校的学习成绩怎样，卡特立即自豪地说："将军，在820人的一个班中，我名列59名。"将军皱了皱眉头，问："为什么你不是第一名呢，你竭尽全力了吗？"此话如当头一棒，影响了卡特的一生。此后，他做任何事情都竭尽全力，后来成了美国总统。

士光敏夫是影响日本经济界的人物之一。他在重整东芝公司时，遇到了资金不足的困难。因为当时正处于战后时期，要筹到足够的资金简直难于登天。别说是筹到足够的资金，就是一小部分的启动资金也是不可能的。他去银行申请贷款，但银行部长却对他爱理不理。经过他不断的努力，部长的态度比以前好些，但对贷款的事情却绝口不提。

但是时间不会等待他去筹钱，如果在两天内仍然没有资金投入，那么，公司将不得不全线停工。士光敏夫想了很久，终于决定破釜沉舟，要想尽一切办法迫使部长答应。他让秘书给他拿来一个大包，在街上买了两盒盒饭放在里面，然后提着赶到银行。一见部长，他就开始跟部长谈，希望给他贷款。但对方仍是不答应。双方又展开了一场舌战，不知不觉已经到了下午下班的时间。

部长一看下班了，如释重负，提起公文包准备回家吃饭。不料士光敏夫却从袋子里拿出盒饭说："部长先生，我知道你工作辛苦了，但是为了我们能够长谈，我特意把饭准备了。希望你不要嫌弃这寒酸的盒饭。等我们公司好转后，我们会再感谢你这位大恩人。"面对士光敏夫这样的执着，部长真是无可奈何。但也正是因为他的这份坚毅，部长最终批准了他的贷款申请。

在面对一些困难的时候，我们往往认为自己已经尽力了，但实际上我们并没有竭尽全力。我们之所以说事情艰难，就是因为我们没有尽到最大努力。我们说自己已经尽力了，实际上我们并没有把全部潜力发挥出来。所以，面对问题和困难的时候，我们永远不要先说难，而要先问一问自己是否已经竭尽全力。

难，是我们用来拒绝努力的常用理由。但是，问题真的是那么难解决吗？关键的一点，就是先把"不可能"的想法放在一边，而只想自己是否完全尽力，是否想尽了一切办法，尽了一切可能。如果将心灵的焦点对准"难"，那么大脑也会随后找出千万个理由，证明真的很"难"，人就很容易屈服，面对如此"难"的问题很自然地就产生畏惧心理，畏惧使人无法冷静地应对问题，甚至导致行动的瘫痪。

所以当你面对困难的时候，先不要问难不难，而要想自己是否尽了最大努力，这样你就会把注意力集中在尽力挖掘自己的潜能上，这样反倒更容易解决问题。

TIPS：培养积极心态箴言

培养积极的心态，可以使我们的生活按照自己的想法发展，没有积极心态就无法成就大事。我们应该练习控制心态，并且力求拥有积极的心态。

下面这些方法值得我们借鉴。

(1) 切断和你过去失败经验有关的所有关系，清除干净你脑海中的那些与积极心态背道而驰的所有不良因素。

(2) 找出你一生中希望得到的目标，并去追寻。

(3) 确定你需要的资源之后，便制定如何得到这些资源的计划，然而所定的计划必须不要太满，也不要不足，别认为自己要求得太少，记住，贪婪是失败的最主要因素。

(4) 培养每天说或做一些使他人感到舒服的话或事，我们可以利用电话、明信片，或一些简单的善意动作达到此目的。例如给他人一本励志的书，就是为他带来一些可使他的生命充满奇迹的东西。日行一善，可永远保持无忧无虑的心情。

(5) 你要了解这一点，即打倒你的不是挫折，而是你面对挫折时所持的心态。训练你自己在每一次不如意的处境中都能发现与挫折等值的积极一面。

(6) 务必使你自己养成精益求精的习惯，并以你的爱心和热情发挥到你的这项习惯中，如果能使这种习惯变成一种嗜好，那是最好不过的了。

如果不能的话，至少你应该记住：懒散的心态，很快就会变成消极心态。

（7）当你找不到解决问题的答案时，不妨帮助他人解决问题，并从中寻找你所需要的答案。在你帮助别人解决问题的同时，你也正在洞察解决自己问题的方法。

（8）彻底"盘点"一次你的财产，你会发现自己所拥有的最有价值的财产就是健全的思想，有了它我们就可以自己决定自己的命运。

（9）和你曾经以不合理态度冒犯过的人联络，并向他致上最诚挚的歉意，这项任务愈困难，你就愈能在完成道歉时，摆脱掉内心的消极心态。

（10）你在这个世界上到底能占有多少空间，与你为他人利益所提供服务的质量，以及提供服务时所产生的心态成正比。

（11）改掉你的坏习惯，连续一个月每天减少一项恶习，并在一周结束时反省一下成果。如果你需要顾问或帮助时，可以大胆地说出，切勿让你的自尊心使自己却步。

（12）你要知道自怜是独立精神的毁灭者，请相信，你自己才是唯一可以随时依靠的人。

（13）把你一生中所发生的所有事件都看作是为激励我们上进而发生的，即使是最悲伤的经验，也会为你带来最多的财产。

（14）放弃想要控制别人的念头，在这个念头摧毁你之前先摧毁它，把你的精力转为控制你自己。

（15）把你的全部思想用来做你想做的事，不要留半点思维空间给那些胡思乱想的念头。

（16）以适合你的生理和心理的方式生活，别浪费时间，以免落于他人之后。

（17）除非有人愿意以足够的证据，证明他的建议具有一定的可靠性，否则别接受任何人的建议，我们将会因谨慎而避免被误导或被当成傻瓜。

（18）一定要了解人的力量并非全部来自物质。

（19）使自己多多活动以保持自己的健康状态，生理上的疾病很容易造成心理的失调，你的身体和你的思想一样保持活动，以维持积极的行动。

（20）增加自己的耐性，并以开阔的心胸包容所有事物，同时也应与不同种族和不同信仰的人多接触，学习接受他人，不要一味地要求他人照着你自己的意思行事。

（21）以相同或更多的价值回报给我们好处的人。"报酬增加律"最后还会给我们带来好处，而且可能会为我们带来所有我们应得到的东西。

（22）记住，当你付出之后，必然会得到等价或更高价值的东西。

（23）你要相信，你可以为所有的问题找到适当的解决方法，但也要注意你所找到的解决方法未必都是你想要的。

（24）参考别人的例子提醒自己，任何不利情况都是可以克服的。

（25）对于善意的批评应采取接受的态度，而不应产生消极的反应，利用这种机会做一番反省，并找出应该改善的地方，不要害怕批评，你应勇敢地面对它。

（26）和其他献身于成功原则的人组成智囊团，讨论你的进程，并从更宽广的经验中获取好处，但以积极面作为基础进行讨论。

（27）搞清楚愿望、希望、欲望以及强烈欲望与达到目标之间的差别，其中只有强烈的欲望会给你驱动力，而且只有积极心态才能供给产生驱动力所需的燃料。

（28）避免任何具有负面意义的说话方式，尤其应根除吹毛求疵、闲言闲语或中伤他人名誉的行为，这些行为会使你的思想朝消极面发展。

（29）锻炼你的思想，使它能够引导我们的命运朝着你希望的方向发展，把握住"报酬"信封里的每一项利益，并将它们据为己有。

（30）随时随地都应表现出真实的自己，没有人会相信骗子的。

（31）相信无穷智慧的存在，它会使你产生为掌握思想和引导思想而奋斗所需要的所有力量。

第 三 章

❖

冒 险 动 力

——期待未来不如把握现在，做得越多离成功越近

❖ 尝试心态：我们可以试一试自以为办不到的事

成功者在机遇降临时，总愿放手一试身手。在我们一生中，在某些时候我们必须采取勇敢的行动，大胆去尝试，敢于冒险，唯有如此，才能有成功的机会。

不论何时，只要尝试做事的新办法，人们就要把自己推向冒险之途。假如你想致力于改良事物的现况，就不得不欣然去冒险。罗斯福总统夫人伊莲娜说："我们必须去做自以为办不到的事。"

哥伦布还在求学的时候，偶然读到一本毕达哥拉斯的著作，知道了地球是圆的，他就牢记在脑子里。经过很长时间的思索和研究后，他大胆地提出，如果地球真是圆的，他便可以经过极短的路程而到达印度了。自然，许多自以为有常识的大学教授和哲学家都嘲笑他的想法。他们认为哥伦布想向西方行驶而到达东方的印度，是痴人说梦的想法。他们警告哥伦布说，地球不是圆的，你要是一直向西航行，你的船将因驶到地球的边缘而掉下去，这不是等于走上自杀之路吗？

然而，哥伦布为实现自己的计划，到处游说了十几年。直到1492年，西班牙王后慧眼识英雄，她说服了国王，甚至要拿出自己的私房钱资助哥伦布，使哥伦布的计划才得以实施。

1492年8月，哥伦布受西班牙国王派遣，率领3艘船，开始了一次划时代的航行。刚航行几天，就有两艘船破了，接着他们又在几百平方公里的海藻中陷入了进退两难的险境。他亲自拨开海藻，才得以继续航行。在浩瀚无垠的大西洋中航行了70天，也不见大陆的踪影，水手们都失望了，他们要求返航，否则就要把哥伦布杀死。哥伦布兼用鼓励和高压两种手段，总算说服了船员。

在继续前进中，哥伦布忽然看见有一群飞鸟向西南方向飞去，他立即命令船队改变航向，紧跟这群飞鸟。因为他知道海鸟总是飞向有食物和适于它们生活的地方，所以他预料到附近可能有陆地。果然，他们很快发现了美洲新大陆。

哥伦布的探险成功了。他的那种无畏、勇敢和百折不回的精神，值得作为我们的模范。当水手们畏惧退缩的时候，只有他还要勇往直前。

成功者最大的特点就是，具有新点子，有做实验的想法及冒险的意愿。进取的人和普通人最明显的差别就在于，进取的人在态度上勇于冒险，且具新观念，能鼓舞他人去从事一无所知的事物。他们之所以敢于冒险，是因为有冒险力的驱动。如果做事怕冒险的话，就没办法把事情做好了。

❖ 有计划没有什么了不起，能执行才算可贵

人生中总是有好多机会到来，但机会总是稍纵即逝。我们当时不把它抓住，以后就永远地失掉了。

有计划而不去执行，使之烟消云散，这将对我们的品格力量产生不良的影响。有计划而努力执行，这就能增强我们的品格力量。有计划没有什么了不起，能执行定下的计划才算可贵。

许多成功的人之所以取得成功，就是因为他们敢想敢做。

比尔·盖茨正是这样的一个人。

他在承接信息科学公司的项目成功后，信心大振，又与保罗·艾伦琢磨起了新的赚钱路子。不久，他们成立了一家自己的公司，名为交通数据公司。

当时，几乎所有市政部门都在使用同一种装置来测量交通流量，这种装置是由一个金属盒子连接一条横跨路面的橡胶管组成的。金属盒中有一盘16轨纸质磁带，当有车从橡胶管上经过时，这台机器就会在磁带上打上0或1这两个二进制代码。这些数字反映出车辆经过的时间和流量。市政部门雇用私人公司将这些原始资料译成信息，以供有关工程师们分析研究。例如，以此来决定何时该亮红灯或绿灯。

原先为市政公司提供服务的私人公司效率低而且要价高，这为盖茨和

艾伦提供了竞争取胜的机会。他们用电脑来分析这些磁带数据，然后把结果卖给市政部门，他们比对手既快又便宜。盖茨雇用湖滨中学几个七八年级的学生，把磁带上的数据拷贝到电脑卡上，然后盖茨把它输入到电脑里。接下来，他用自己设计的程序将这些数据转换成易读的交通流量表。

当交通数据公司开始正常运转后，艾伦决定制造自己的电脑，以便直接分析磁带数据，这样就可免去手工劳动了。他们聘请了一位波音公司的工程师来协助设计硬件。盖茨拿出360美元，购买了一个英特尔公司的新型8008微处理器芯片。他们将一台16轨纸质磁带阅读器连接到这台电脑上，然后把交通流量记录磁带直接输进去。

盖茨和艾伦利用交通数据公司赚了大约两万美元。但是市政公司并非天天需要进行交通流量分析。因此，这是一种越做越小的生意，公司不会有多大发展前途。当盖茨为交通数据公司招揽生意时，他又萌发了一些新的赚钱计划。不久，盖茨又与埃文斯合作成立了一个"逻辑仿真公司"。

夏天刚开始，盖茨去了华盛顿特区，当了一名众议院服务员。这份工作是他父母通过国会议员布罗克·亚当斯找到的。盖茨很快就显露出他的经商才能。他以每枚5美分的价格买进5000枚麦戈文——伊格尔顿纪念章。当麦戈文把伊格尔顿挤出总统候选人名单时，盖茨就以每枚25美元的价格出售了这些日渐稀少的像章，从中赢利几千美元。

1986年，微软股票上市时，以每股21美元开盘。第一天，共成交了360万股，可谓取得了一个巨大的成功。中午时分，每分钟有大约几千股成交。最后收盘时，微软股票上升到了每股29.3美元。也就是说在一天之内，微软股票就升值了40%以上。

可以说，当天的股票交易市场成了比尔·盖茨的天下。几乎所有进出交易大厅的股民都买了微软的股票，而别的股票无人问津。比尔·盖茨就在此一役中一跃跻身于身价上亿的世界顶级富翁俱乐部。

很多事就是这样，当你有达到某一目的的强烈愿望，并以这种愿望作为行动的内驱力时，将逆境闯过去，在顺利时求发展，就极有可能达到目的。

同时，上例也告诉我们，敢想敢做敢于尝试，才能取得成功，不战而败是一种极端怯懦的行为。如果想成为一个成功者，就必须具备坚强的毅力以及勇气和胆略。当然，敢冒风险并非铤而走险，敢冒风险的勇气和胆略是建立在对客观现实的科学分析基础之上的。顺应客观规律，加上主观努力，力争从风险中获得利益，这是成功者必备的心理素质。

❖ 坚持创新：成功没有不变的模式

在这个竞争激烈的社会里，成功其实没有固定的模式，有时候，我们换一种思路就会发现一个崭新的天地。在这样的情况下，我们不应该固守惯有的成功模式，不懂得变通。

日本有家大公司准备从新招的3名雇员中选出一位最优秀的人做市场销售代表，但在此之前，公司要例行公事对他们进行"魔鬼训练"，以弄清楚到底谁是最合适的人选。

公司将他们从公司所在地横滨送往陌生的广岛，要求他们在那里过一天，公司给了他们每人一天的生活费用2000日元。最后谁剩下的钱多，谁就会成为公司的市场销售代表。

　　这是一个难以接受的挑战，每日2000日元只是当地的最低的生活标准。在广岛，一杯绿茶要300日元，一杯饮料要200日元，最便宜的旅馆一夜要2000日元……也就是说，他们手里的钱只能让他们在睡觉和吃饭中选择一个，除非他们在天黑之前能够让这些钱生出更多的钱。更重要的是，他们必须单独生存，不能合作，更不能给人打工。

　　第一位雇员非常聪明，他花500日元在街边买了一副墨镜，然后用剩下的钱买了一把二手吉他。他拿着这些来到广岛最繁华的地段扮起了"盲人卖艺"，半天下来，他就赚到了很多钱。

　　第二位雇员也非常聪明，他用500日元做了一个募捐箱子，也放在那个最繁华的地段，箱子上写着这样一行字："将核武器赶出地球——纪念广岛灾难53周年暨为加快广岛建设大募捐。"他还用剩下的钱雇了两个口齿伶俐的广岛学生为自己做现场宣传讲演，不到中午的时候，他的大募捐箱就装满了钱。

　　第三位雇员没有像前两个人那样做，而是找了个小餐馆，要一杯清酒、一份生鱼、一碗米饭，美美地吃了一顿，等他吃完，他的1500日元就没有了。不过他似乎并不是很在意，而是钻进一辆被废弃的本田汽车里睡了一觉。

　　第一个雇员和第二个雇员一天下来，他们得到了不少的钱，但是，在傍晚的时候一名有络腮胡子、佩戴胸卡和袖标、腰挎手枪的城市稽查人员出现在他们面前，他摘掉了第一名雇员的眼镜，摔碎对方的吉他，撕破了第二名雇员的箱子并赶走了他雇佣的广岛学生，最后，他没收了他们的"财产"，还收缴了他们的身份证。

　　第一个雇员和第二个雇员顿时身无分文，只好想方设法借了点路费，狼狈地返回了总公司。而这时，已经到了约定的时间了。更让他们惊骇的是，那个所谓的"稽查人员"已在公司恭候！

　　原来，"稽查人员"是那个吃饭、睡觉的第三个雇员，他用150日元做了一个袖标和一枚胸卡，然后花350日元买了一把旧玩具手枪和一把化妆用的络腮胡子，用1500日元吃了顿饭，但他却拥有了前两人的所有的钱。

竞争是十分残酷的，在竞争面前，没有人可以完全避免风险，也没有人可以按照常规制胜。按常理来看，第一个雇员和第二个雇员做得很好，他们有效地利用手中的资金赚到钱，但他们却只看到市场而忽略了竞争者。第三个雇员懂得成功可以有很多种模式，当他的对手在劳碌的时候，他却在养精蓄锐，然后用另一种模式出其不意地"吃掉"对手，最终取得了成功。

因此，当你为无法取得成功而苦恼的时候，你要知道，并不是你没有那个潜质，而是你还没有找到合适的成功模式。

真正的创新力并不是指可以推出一种新产品的技术能力，而是指以市场为前提，将创新意识应用到实际工作中的能力。

创新的思维方式可以全面作用于管理者的工作范围，不论是在研发新产品、制订营销新策略还是在推行降低成本新措施等方面都能大力创新，取得持续进步。

要想取得创新力，就必须从应用创新意识上着手了解并加以练习。

第一，继往才能开来。

创新不是脱离现有的实际，也不能脱离现有的实际。创新不是凭空而来的创造，而是在现有实际的基础上发现新的能改善现状的方式方法。创新的重要前提就是尊重过去，过去的发展历程会呈现出一系列的成果、问题及教训，只有以这些过去为基础才能做出适当的创新，这就要求管理者回到过去找线索。

第二，自动自发创新。

创新不是说等组织给出要创新的指示再着手开始创新，这样的创新只

行
动
心
理
学

能是形式化的、没有多大效能的。创新是遍布在各处的——全面的工作范围、各个工作环节、随时随地的机会等。管理者需要锻炼出一双善于发现创新机会的眼睛，能细心观察到潜在机会并随时判断形势变化，积极主动地去发现并抓住机会，实施创新。

第三，从问题中创新。

问题发生了，管理者是否还在一味地责罚下属却没有思考究竟是什么原因导致问题的发生？是员工自身的工作态度问题还是工作程序本身存在漏洞？一个有洞察力的管理者应该将问题视为警示和创新机会。问题的出现就是在警示管理者某种途径或某个员工工作态度存在不妥。一味地责罚下属不能真正解决根源问题，问题的反面就是创新机会，有创新力的管理者在问题面前会尝试多种可以最快最好地解决问题的新方法。

第四，敢于挑战权威。

如果一个管理者只是延承之前全部的传统做法进行管理，而不管其是否有益于发展，而且视领导的经验、指示为最高准则，那么他就不是一个具有创新力的管理者。组织每一个阶段的发展都不可能和之前完全一致，传统模式往往会成为新发展的阻碍。革故才能鼎新，要使组织保持不断发展的劲头，管理者就必须在那些需要"革故"的领域进行创新。创新就需要管理者敢于挑战权威，从组织的长远利益出发而不是以权威为准则。

第五，由易而难地创新。

创新不是革命，不是一举就能定江山。经过实践检验你就会发现，一些看似惊人的、巨大的创新只是技术更新，并没有带来多大的利益收获，而一些由易而难的持续创新却能给组织带来源源不断的收益。

第六，传播创新力。

创新力是可以通过学习拥有的，它也可以被传播。一个人的创新力不应该只体现在自身，更应该体现在将创新力传播给身边人，企业管理者更是要让每个员工都具备应用创新意识的能力，在工作中积极自主地做出创新。力争让每个员工在创新中得到成功的喜悦，使得创新成为这个组织强有力的文化组成部分。

❖ 当借口离你越来越远，成功就离你越来越近

失败的人总为自己寻找各种借口。而有意志的人绝不会找这样的借口，而是靠自己的行动去赢得机会。他们深知，唯有自己才能给自己创造机会。而一旦有了机会，他们决不放弃磨炼自己、完善自己的阶梯，正是顺着这些阶梯，他们才一步步走向理想之巅。

唐金是公司里的一位老员工了，以前专门负责跑业务，深得上司的器重。只是有一次，他手里的一笔业务让别人捷足先登抢走了，造成了一定的损失。事后，他很合情合理地解释了失去这笔业务的原因。那是因为他的脚伤发作，比竞争对手迟到半个钟头。以后，每当公司要他出去联系有点棘手的业务时，他总是以他的脚不行，不能胜任这项工作作为借口而推脱。

唐金的一只脚有点轻微的跛，那是一次出差途中出了车祸致伤的，留下了一点后遗症，根本不影响他的形象，也不影响他的工作，如果不仔细看，是看不出来的。

第一次，上司比较理解他，原谅了他。唐金很得意，他知道这是一宗费力不讨好又比较难办的业务，他庆幸自己的明智，如果没办好，那多丢面子啊。

但如果有比较好揽的业务时，他又跑到上司面前，说脚不行，要求在业务方面有所照顾。如此种种，他大部分的时间和精力都花在如何寻找更合理的借口上。碰到难办的业务能推就推，好办的差事能争就争。时间一长，他的业务成绩直线下滑，没有完成任务他就怪他的脚不争气。

总之，他现在已经习惯了因"脚不利索"的问题，在公司里迟到、早退，甚至吃工作餐时，他还可以喝酒，因为喝点可以让他的脚舒服些。

不久之后，领导就以在家好好养脚的理由，将唐金请出了公司。

在现实生活中，领导者寻找的正是那种想尽方法去完成任务，而不是去寻找任何借口的人。在他们身上，体现出一种遵从、老实的态度，一种负责、敬业的精力，一种完美的执行能力。

在工作当中，你经常能够听到的是各种各样的借口："那个客户太挑剔了，我无法满足他""我可以早到的，如果不是下雨""我没学过""我没有足够的时间"。其实，在每一个借口的背后，大多是让你暂时逃避了困难和责任，获得了些许心理的慰藉。

寻找借口的人都是因循守旧的人，这样的人缺少一种创新能力和主动自发工作的才能，因此，期许这样的人在工作中做出发明性的成就是徒劳的。借口会让他们躺在以前的经验、规矩和思维惯性上舒畅地睡大觉。这其实是为自身的才能或经验不足而造成的失误寻找借口，这样做显然是非常不明智的。借口能让人逃避一时，却不可能让人如意一世。

当人们为不思进取寻找借口时，往往给人带来的严重迫害使人消极颓丧，如果养成了寻找借口的习惯，当遇到困难和挫折时，人们就不是积极地去想措施战胜，而是去找各种各样的借口，其潜台词就是"我不行"

"我不可能"，这种消极心态剥夺了个人胜利的机遇，最终让人一事无成。而且抛弃找借口的习惯，你就会在工作中学会大量解决问题的技巧，这样，借口就会离你越来越远，而成功就会离你越来越近。

❖ 不要急功近利，眼界决定结局

世间的任何一件事情，都有它的不二法门。不论什么时候，一切急功近利的思想与行为都是一种短视，都是非常有害的。财富也有它的不二法门，那就是，一定要目光长远，而不要只盯着眼前的一点利益，要学会朝着目标不停顿地努力，实现你人生的最大价值，让野心、理想和梦想变成伸手可及的现实，这才是人生最大的利益。

世上只有两种人，用一个简单的实验就可以把他们区分：面对同样的一袋土豆，一种人会首先留下一部分用于播种，而另一种人则不管三七二十一先把它吃掉。这就是深谋远虑和急功近利的差异。

耶稣带着他的门徒彼得远行，途中发现一块破烂的马蹄铁。耶稣就让彼得把它捡起来，不料彼得假装没听见。耶稣没说什么，自己弯腰拾起马蹄铁放于袖中。途中，他用马蹄铁从铁匠那儿换来3文钱，并用这3文钱买了18颗樱桃。出了城，二人继续前进，经过的全是茫茫的荒野。耶稣猜出彼得非常渴，就让藏于袖中的樱桃悄悄地掉出一颗，彼得见状，赶紧捡起来吃。耶稣边走边丢，彼得也就狼狈地弯了18次腰。耶稣见状笑着对他说："要是你那会儿弯一次腰，就不会在后来没完没了地弯腰。小事不干，将在更小的事上操劳。"

在彼得的眼里，只有眼前的小小利益，马蹄铁只是马蹄铁，所以他懒得弯腰去捡。一次弯腰的确有点累，但一次次地弯腰岂不是更累？因此，要记住耶稣的教导，不要贪图眼前的小利益而放弃长远的利益。

一个贫穷的青年向一个富人请教成功之道，富人却拿出了三块大小不等的西瓜放在青年面前。

"如果每块西瓜代表一定大小的利益，你选择哪块？"富人问青年。

"当然是最大的那块！"青年毫不犹豫地回答。

"那好，请吧！"富人一笑，把最大的那块西瓜递给穷人，自己却吃起了最小的那块。很快，富人就吃完了，而穷年还差几口才能吃完。

不等青年吃完，富人已经拿起了桌上的最后一块西瓜，并且得意地在青年面前晃了晃，大口大口地吃起来。

青年顿时恍然大悟，富人吃的瓜虽没有自己的瓜大，却比自己吃得多。如果每块代表一定的利益，那么富人占的利益自然比自己多。

吃完西瓜，富人抹抹嘴对青年说："要想成功，就要学会放弃，只有放弃眼前利益，才能获得长远的大利，这就是我的成功之道。"

很多人往往选择眼前的利益而放弃长远利益，被眼前的利益所囚困，迷惑了双眼，消磨了斗志，沉溺在既得利益的温柔乡里，不思进取，丧失了谋财的锐气与闯劲，徘徊在同一层次，既没有创新，也不敢突破。

不同的人，有着不同的奋斗历程，但在这奋斗的历程中，有一点是相通的，那就是路途上洒遍了汗水，经历了漫长等待的煎熬。有很多人，觉得这样太辛苦，也太慢，渴望拥有更快捷的方法，走一条笔直不阻的捷径，其结果往往是欲速利不达。

今天，很多人都是好高骛远，看不起小报酬，总希望能找到制胜的突破，一鸣惊人。但以历史的眼光来看，绝大多数的富人，他们的巨大财富都是由小钱经过长期的时间逐步累积起来的。一个想致富的"野心家"，必须首先从心理上摒弃那种"一夜致富"的幼稚想法和观念。

❖ 细节法则：万分之一的机会也不能放过

机遇是美丽而性情古怪的天使，当她降临在你身边时，如果你没有准备，她又将翩然而去，不管你怎样扼腕叹息，她都从此杳无音讯。把握好那万分之一的机会，并非是一件容易的事情，这要求我们必须要具有一种积极、乐观的人生态度。只有凡事往好处想的人，才能视困难为机遇和希望，才能赢得人生与事业的成功。如果遭遇到一点点困难，就想放弃和退却，那么，再好的机遇也会与你擦肩而过。

美国一个叫米契尔的年轻人，一次偶然的车祸，使他全身三分之二的面积被烧伤，面目全非。

面对镜子中的自己他曾经痛苦和迷茫，但他并没有因灾祸而自暴自弃，反而是一直时时警醒自己："问题不是发生了什么，而是你如何勇敢地面对它！"

痛苦是折磨不了身残志坚的米契尔的，他很快就从痛苦中解脱了出来，经过一番艰苦的努力与奋斗，终于成了一位百万富翁。可他并没有就此满足，要用五指不全的双手去学习驾驶飞机。结果，因飞机突然发生故障，他从高空摔了下来。也许是上天不想让他过早地死去，当人们找到他时，发现他的脊椎已是粉碎性骨折，这使他终身瘫痪。

家人、朋友都为他而感到悲伤至极，但他却说："感谢上天给我留了一条生命，我的身体虽然不能行动了，但我的大脑依旧是健全的！"在医院的病房里，他在哪里出现，笑声就在哪里荡漾，他甚至还去鼓励病友战胜疾病。

一天，一位刚从护士学院毕业的金发女郎来护理他。他一眼就断定她就是他一生相伴的人。他将自己的想法告诉了家人和朋友，可是他们都劝他："这是不可能的！"可他却说："不，你们错了，万一成功了怎么办？万一她答应了怎么办？"

米契尔决定去抓住哪怕只有万分之一的可能，勇敢地向那位金发女郎示爱。两年之后，那位金发女郎嫁给了他，并且他们生活得很愉快。

凭着坚忍不拔的毅力和永不放弃的精神，米契尔成为美国人心目中真正的英雄，并最终成为美国坐在轮椅上的国会议员。

在人生的道路上，我们只有善于把握机会，哪怕是万分之一的机会也不放弃，并且努力去实践、去拼搏，才有可能实现人生的理想，获得巨大的成功。

机会非常重要。干柴遇不到火种，永远不能燃烧；千里马碰不到伯乐，只能拉车；英雄生不逢时，只好仰天长叹。但机会均等只是人们的希望，实际上很难做到。虽说机会往往属于有自信的竞争者，但它不都是以夺目的光彩呈现在你的面前。

人生就像流水一样，有的人乘着急流往下游奔驰；有的人在一个地方转转。你乘着这道流水，也许就在岸边优哉游哉，好长时间才移动那么一点点，甚至完全静止不动。不要做随波逐流的落叶，不要听天由命，落叶的前途，完全有风向与流水片面决定。然而，你却可以自己决定前途，不必老待在静止不动的静水处。你可以向流水中央游去，去寻找新的机会，你现在所需要做的，就是用自己的力量向着急流游去。

美国旦维尔百货业巨子约翰·甘布士就是一个敢于把握机遇的人。甘布士说："不放弃任何一个机会，这个机会哪怕只有万分之一的可能，你也要抓住。"

有一次，甘布士出差需搭火车去外地，但事先由于工作忙，没有买好车票。不巧的是这时刚好是圣诞前夕，度假的人特别多，票也很难买。

他的夫人打电话到车站询问，被答复票已售完。售票员说："如果你们不怕麻烦的话，可以到车站碰碰运气，看是否有人退票，但是这种机会或许只有万分之一。"得知这一消息的甘布士决定试一试，但他的夫人劝他别去碰这个钉子。

甘布士欣然提了行李赶到车站，可是等了好久，一直没人退票，甘布士仍然耐心等待。他不放弃任何希望，就在离火车开车时还有5分钟时，一个妇女匆忙赶来退票，甘布士如愿地搭上了火车。

到了目的地，甘布士给他的夫人打了一个长途电话说："我抓住了那只有万分之一的机会，因为我相信不轻易放弃的人是真正的聪明人。"

甘布士能取得事业上的辉煌，正是靠着他不放弃万分之一机会的执着，从芸芸众生中脱颖而出。他从一个小技师一跃成为拥有5家百货商店的老板，成为企业界举足轻重的人物。

上例甘布士成功的奥秘让人受益匪浅。在通往成功的路上，处处都有可能错过良机。你若能像甘布士那样不轻易放弃，哪怕希望和机会只有万分之一，也要努力去奋斗，这样就一定能实现人生的理想。

人的一生就如同大海里的波浪一样有起有伏，没有人会一辈子都一帆风顺，面对困难与挫折，有的人跌倒了之后还会再爬起来，坚强地撑下去；有的人却从此萎靡不振，甚至对生命失去信心，连自己都不相信自己了，怎么能抓住机遇呢？

只有我们不想做的事情，而没有我们做不到的事情。无论老天爷给我们多么大的考验，永远不要放弃。也许我们的现状看起来不那么尽如人意，但是只要我们认真地努力，用一万分的努力去争取那万分之一的机会，我们就一定能实现心中的理想，事业就会更成功，生活就会更加丰富、精彩。

TIPS：30个自我提升技巧

你可以利用这些自我提升技巧作为提升自身的纲领。

（1）自律。每个成功者都是高度自律的人。如果你懒惰又没有强有力的一面，那么你就需要从自律方面开始约束自己了。

（2）设定目标。你需要在生活中设定目标以实现自我提升，否则，你便会在自己的安乐窝中停滞不前。

（3）积极态度。积极的态度能激发出你最好的一面，它会抵制你偶尔出现的消极的自我暗示。同时伤感以及其他负面情绪也会在你生活中逐步消失。

（4）感恩的心。每当你经历美好的事情，就表达你的感激之情。这会为你带来更多更美好的事物。感激可以创造奇迹。

（5）锻炼。每天的锻炼可以缓解压力、强身壮体，也能改善自我感觉。

（6）深思熟虑。认真思考会理清你的思路，消除负面思想并把你的幸福感提高到新的层面。

（7）发挥自己的价值。当你开始想要发挥自身作用时，你会发现你在不断提升自我。如果你诚心诚意地付诸行动，人们也会好好犒赏你并衷心感谢你。

（8）把握自己的思想。如果你想掌控自己的生活，很重要的一点是掌控自己的思想。不要让你的思想陷入混乱之中。管理它们，这会为你的自我提升奠定坚实的基础。

（9）深化你的知识体系。坚持每天至少花30分钟学习感兴趣的学科。这将增强你的自信心，同时提高智力。

（10）有条不紊。尝试提前做每日计划，你将能避免浪费时间，并把精力集中在重要的事情上。

（11）保持整洁。整洁的生活环境也能使你的思路更为明朗，你也会更有效率，更好地掌控自己的生活，这是最能统筹自我提升的思想之一。

（12）多与积极向上的人来往。尝试结交积极向上的人。花时间和那些让你感受被爱和受尊重的朋友在一起。

（13）摆脱无趣的人。少和让你感觉糟糕的人交谈，这将降低你的生活质量。没人值得你自毁心情。

（14）改造你的安乐窝。多在生活中寻求变化，不要失去活力。不断地改造舒适区域会提升生活质量，让自己更勇敢。这一点需要强大的意志力，是自我提升中较难的一环。

（15）提升财富增幅。设想自己变得富有，尝试去感受变富的感觉，这会改变你的财富增幅。

（16）不要竞争。竞争是件好事，但你更应该为他人创造财富而非抢夺他们。通过创造你可以逃出竞争的恶性循环。你倍感轻松，也赢得别人对你的创造的赞赏。

（17）为他人高兴。当别人获得成功时，为他们喝彩。这会让人倍感良好，他们也会因此感谢你。当你收获感激时，你也会感觉更好。

（18）欲取先予。如果你想收获，首先要去付出。大自然也是如此运作。打个比方，你想成为某个领域的专家，你需要花费时间去获取。自我提升的方法来源于自然法则。

（19）少看电视。少看电视会让你开始学会思考、摆脱恐惧。

（20）善待自己。好好照顾自己，这也会大大改善心情。这意味着穿戴整体大方，滋养你的皮肤，有足够的时间休养。

（21）旅行。开始你的旅途，你会遇到有趣的人、看到不同的地方，感受自由与独立。

（22）善始善终。不要半途而废。完成一件事情可以提升你的自信心，自我激励。很多人没能做到这点，同样，他们也没能取得优秀的成果。

（23）克服恐惧。恐惧是唯一能阻挡你前进的东西。想要克服恐惧，你先要感受恐惧，然后想办法克服它。好好体会这一点。只有如此，方能克服恐惧。最终你会更自信，更能因时而变。你会常常回首过去，对过去害怕的事物一笑而过。

（24）改变一个习惯。至少彻底改变一个习惯。举个例子，如果你每天起床晚，可设闹钟让自己早起一些。这可并不简单，但如果你坚持30天，这项新任务将成为你的习惯。

（25）投入多一倍的时间去从事爱好。尽可能多地抽时间去做你喜爱的事情，这也将不断地改善你的身心健康。兴许你还能依靠你的爱好赚钱呢。

（26）多微笑。你会感觉更好，美好的事情也会不断找上门来。简简单单的一个微笑，会给生活带来很大的改观。你所需要的，仅仅是从现在开始去做。

（27）倾听你喜爱的音乐。这会让你更开心，更能激发你的灵感，灵感对创意可是必不可少的。

（28）阅读自我提升的书籍。提前为你下一步的提升做好准备。

（29）摆脱无用之事。把家中没用的东西全部清掉。这会给新的东西预留空间，也同样能改善心情，你会感觉更安宁、更有创造力。

（30）补充足够的水分。保持肌肤的柔滑，排除体内的毒素，使自己更加健康，这对心理健康也同样有帮助。

中

管好自己，才能正确行动

第 四 章

◈

目标赋予动力

——把握生命的罗盘，从这里出发

❖ 无目标的飘荡终会迷路

有句话说："没有方向，什么风都不是顺风。"

一个人没有自己的理想和奋斗目标，那他的人生是低迷的、消沉的，他会觉得他活着没有意义。而如果一个人有了自己的理想和奋斗目标，他会整天精力很旺盛地为自己的理想和目标去奋斗，他会觉得活着真好。

前美国财务顾问协会的总裁刘易斯·沃克曾接受一位记者访问有关稳健投资计划的基础。

记者问道："到底是什么因素阻碍了你成功？"沃克回答："模糊不清的目标"。

记者不明白，就请沃克进一步解释。

沃克说"我在几分钟前就问你'你的目标是什么？'，你说，希望有天可以拥有一栋山上的小屋，这就是一个模糊不清的目标，问题就在'有一天'不够明确，因为不够明确，成功的机会也就不大。如果你真的希望在山上买一间小屋，你必须先找出那座山，找出你想要的小屋现值，然后考虑通货膨胀，算出5年后这栋房子值多少钱；接着你必须决定，为了达到这个目标每个月要存多少钱。如果你真的这么做，你可能在不久的将来就会拥有一栋山上的小屋，但如果你只是说说，梦想就可能不会实现。梦想是愉快的，但没有配合实际行动的模糊梦想，则只是妄想而已。"

有了目标，内心的力量才会找回方向，无目标的飘荡终归会迷路，而你心中那一座无价的金矿，也因不开心而与平凡的尘土无异。

有了明确的目标，才会为行动指出正确的方向，才会在实现目标的道路上少走弯路。事实上，漫无目标或目标过多，都会阻碍你前进，要实现你自己的心中所想，如果不切实际，最终可能是一事无成。有了明确的目标，会使你产生积极性，你给自己定下目标后，它就是努力的依据，也是对你的鞭策。随着你不断实现你的目标，你会有成就感，在努力的过程中，你的思想方式和工作方式也会渐渐改变。

成功者都会为一个具体而明确的目标全力以赴、竭尽所能。任何一个伟大的或成功的人物，都是以一项具体而明确的目标作为奋斗的基础。

惠特曼一生致力于写一本叫《草叶集》书，结果成为美洲最伟大的诗人。

乔治·派克一生致力于生产世界上最好的钢笔，虽然他仅在美国一个小镇上开始他的事业，但是他的产品派克牌钢笔却成了世界上最著名的书写工具。

亨利·福特一生致力于生产廉价小轿车，虽然他只受过4年教育，而且白手起家，但他的努力使他成为那个时代最富有的人。

这就是生活中的一项真理，只有那些有具体而明确目标的人，才会有更大的成功的机会。而那些没有明确目标的人，有时连马路也过不了。

有人这样说，我希望我的工作和别人一样，既轻松又能拿到很丰厚的工薪，并且买一栋好房子，还要有一辆好车。这样设置人生目标，仿佛跑到航空公司里说："我买一张机票。"除非你说出你的目的地，否则人家无法卖票给你。

许多人埋头苦干，却不知道为什么要这样做，这样做是为了什么，盲目地去做，到头来发现追求成功的阶梯搭错了边，却为时已晚。因此你务必要掌握真正的目标，并拟定达成目标的过程，澄明思虑、凝聚继续向前的力量。一个人的目标不明确，就像一艘没有方向的船，永远漂流不定，只会到达失望、失败和丧气的海滩。

❖ 航海图法则：寻找目标没那么简单

无论是在生活中还是在工作中，都应该清楚你的目的和目标。这话听起来非常简单，但是，在实际的生活和工作中，要做到却不容易，我们必须学会寻找我们人生的航向。

利兹·克林顿在全球最大的结算银行之一米德明斯特银行的员工培训部工作。她于一年前加入了一个由大约40名训练者组成的工作小组。该小组的目的是给经理人和管理者提供一个更全面的培训服务。然而，因为参与培训的人员数量不足，课程计划被取消，这个小组的工作处于停顿状态。

利兹·克林顿说："我觉得我正在浪费时间，我不知道我们小组的目标是什么，我们正在做什么。我感觉好像我失去了方向，就像是在黑暗中工作。"利兹·克林顿最后决定离开米德明斯特银行。

那天晚上，她告诉她的丈夫："亲爱的，我现在不能确信我是否适合眼前的这个工作。"于是，利兹·克林顿决定寻找另一份工作，换一下工作环境。后来，她在一家百货店做售货员。

有一天，利兹·克林顿在街上遇到她的前任经理，利兹·克林顿说："虽然现在的工作收入比原来少，但是，我现在有工作目标。"她的前任经理回答："利兹，你很幸运，米德明斯特银行的员工培训部，现在仍然是一片混乱。"

有一项著名的调查，是关于目标对人生影响的。

调查对象是一群智力、学历、环境等条件相差不大的年轻人，调查结果显示：27%的人没有目标；60%的人目标模糊；10%的人有清晰但比较短期的目标；3%的人有清晰且长期的目标。

25年跟踪研究的结果显示，他们的生活状况及分布现象让人觉得十分有意思。

那些占3%的人，25年来几乎从来没有更改过自己的人生目标。25年来，这些人为了实现自己的目标一直不懈地努力着；25年后，他们几乎都成了社会各界的顶尖成功人士，他们中有不少人是白手起家的行业领袖和社会精英。

那些占10%有清晰短期目标的年轻人，他们具备共同的特点，那就是他们不断实现他们的短期目标，他们的生活状态稳步上升，成为各行各业的不可或缺的专业人士，如律师、医生、工程师、高级主管等。

而占60%的没有明确目标的人，他们能安稳地生活、工作，但都没有什么特别突出的成绩。

剩下的27%的人是那些长期以来没有目标的人群，他们大多生活在社会的底层，生活很不如意，常常失业，经常靠社会救济才能维持生活。他们经常抱怨他人、抱怨社会、抱怨世界不公平。

看了上面调查，你应该看到一个明确的目标对一个人的一生有多么重要的影响。

想要有明确的目标，下面谈到的3个方面就需要注意。

（1）把模糊的梦想变成清晰的目标。

是什么因素使很多人追求成功却无法成功？

绝大部分的原因是因为他们的目标不明确。要想管理好自己的时间，要想有力地控制自己的人生轨迹，就要明确具体地制定自己的目标，不要让自己的目标停留在模糊的梦想状态。

（2）用自己的特长选定目标。

明确自己的奋斗目标，首先目标要可行，可以通过自己坚持不懈的努力能够实现。每个人有每个人的实际情况，大家都有自己的特长、优势，也有自己的弱项；有自己向往的生活方式，也有自己的实际困难。因此，选定自己的奋斗目标时，应保证不要与自己的实际情况脱钩，要根据自己的实际情况、根据自己的特长设定目标。

（3）设定的目标要有连贯性。

一个人不但要有明确的目标，而且要把长远的目标分成阶段性的目标，使自己在奋斗过程中看到希望所在，能够保持热情、保持自信，持之以恒地向前走，更快更好地实现目标，而不会因为距离目标太遥远、看不到成功的希望而心灵疲惫，甚至放弃。

如果你仔细分析航海者的图表，就会发现航程从出发点到终点站，其路径并不是一条直线，而是一条弯弯曲曲的连线。船长必须时时掌握船只前进的方向，以免船只因为水流风向等外力影响而偏离航道。在大海中航行时，唯一不会改变的就是航行的目的地。

人生仿佛就是大海中的航船，很少有一帆风顺的时候。因此，在工作中，你追求的最佳目标不是最有价值的那个，更不是最辉煌或自己最喜欢的那个，而是对于我们的实力而言最有可能实现的那个。

著名的成功学大师谢利德·文森说："如果没有一丝成功的希望，那么，屡屡试验是愚蠢的、毫无益处的。"

因此，目标要适当、合理、正确。有些时候，你虽然在某件事情上用了很大的努力，但你迟早要发现自己处于一个进退两难的地步，你所走的路线也许只是一条死胡同。这时候，最明智的办法就是抽身退出，去开始另一个项目，寻找新的成功机会。有时候，人们的失败，不是他们没有能力，没有机会，而是定错了目标。他们一味地坚持，固执地向错的目标前行。而成功者则会避免这种不切实际的坚持，时刻以一种冷静客观的方式检查自己的性格在追求目标方面是否过于固执。

任何时候，你都应该做到审慎地运用智慧，做最正确的判断，选择正确方向，同时，别忘了及时检视目标的方向，适时调整自己的目标和策略，放下无谓的固执，冷静地用开放的思路做出正确的抉择。

❖ 目标分割法：给自己"一分钟的目标"

俄国著名作家列夫·托尔斯泰曾给自己确定了一个生活的准则，他强调人活着要有生活的目标："一辈子的目标，一段时间的目标，一个阶段的目标，一年的目标，一个月的目标，一个星期的目标、一天、一小时、一分钟的目标。"

当你有一个大目标时，一下子实现并不是那么容易，所以你要化整为零，将大目标分解为小目标。当你把一个个小目标实现了，那么离大目标也就越来越近了。

有了目标，我们还要为实现目标做计划。

也就是说，把大目标分解为一个个具体可行的小目标，每天都努力地向目标靠近，哪怕每天靠近一点点，也不要将自己的目标束之高阁。比如一个人，他的人生目标是做一位知名的骨科医生，为所有骨科患者服务。现在看来这个目标或许太大，无法实际操作。因此还要进一步分解。他的目标可以这样分解：高中每学年的目标，初中每学年的目标，每学期的目标，每个月的目标，每天的目标。将大目标变成了每天都可以操作实践的小目标，这样就可以使人坚持不懈地督促自己。

当然，不同的目标有不同的分解方法。之所以这样做，是为了保证目标的连续性和可操作性。只有每个小目标实现了，你的大目标才有可能变为现实。千万要记住不要"好高骛远"。另外在制定目标时，一定要切合自己的实际情况。如果你好高骛远，所制定的目标无法实现，那就毫无价值了。

1984年，在东京国际马拉松邀请赛中，名不见经传的日本选手山田本一出人意外地夺得了世界冠军。当记者问他有什么秘诀时，他说："凭智慧战胜对手。"

当时，许多人都认为这个偶然跑到前面的矮个子选手是在故弄玄虚，人们认为马拉松赛是考验体力和耐力的运动，只要身体素质好又有耐性就有望夺冠，爆发力和速度都还在其次，说用智慧取胜，实在是让人摸不着头脑。

两年后，意大利国际马拉松邀请赛在意大利北部城市米兰举行，山田本一代表日本参加比赛。这一次，他又获得了世界冠军。

记者再一次询问他有什么秘诀时，山田本一的回答仍是："用智慧战胜对手。"

人们仍然不解。

10年后，这个谜底终于被解开了。在山田本一的自传中他这样写道：

"每次比赛之前，我都要乘车把比赛的线路仔细地看一遍，并把沿途比较醒目的标志画下来，比如第一个标志是银行；第二个标志是一棵大树；第三个标志是一座红房子……这样一直画到赛程的终点。比赛开始后，我就以百米的速度奋力地向第一个目标冲去，等到达第一个目标后，我又以同样的速度向第二个目标冲去。40多公里的赛程，就被我分解成这么几个小目标轻松地跑完了。起初，我并不懂这样的道理，我把我的目标定在40多公里外终点线上的那面旗帜上，结果我跑到十几公里时就疲惫不堪了，我被前面那段遥远的路程给吓倒了。"

可见他用的是分解目标这一智慧，这的确是一个很不错的方法。

在一个大目标面前，或许你觉得自己根本无法实现目标，常常会因为目标的遥远和艰辛感到气馁，甚至怀疑自己的能力。而在一个小目标面前，人们却往往充满信心地完成，有些急功近利的人，一开始就给自己定下大目标，天长日久，当他发现目标离自己仍很远时，就会因为自卑而放弃一如既往的努力，其实，你可以把每个大目标分成无数个你可以实现的小目标，当你实现了每个小目标，认认真真做好了每一件事，大目标也就离你不远了。

在生活中，你需要把大的目标分解成小目标，并经常检查你自己实现目标的状况，体验实现目标的快乐。用这样的方法，即使是遥远的马拉松，也可以跑得很轻松。

❖ 好高骛远，终其一生也一事无成

要想成功首先要量力而行，许多人好高骛远，终其一生也一事无成，因为他的精力都耗损在焦躁的期盼中，对要做的事情并未真正投入必要的精力，看上去很忙，实际上是"穷忙""瞎忙"。

因此，如果你好高骛远，那就犯了一个大错误。目标远大固然不错，但目标就好像靶子，必须在你的有效射程之内才有意义。如果目标太偏离实际，反而无益于你的进步。

大多数平凡人都希望自己这辈子能成为不平凡的人，然而，真正能做到的似乎总是少数。因为，他们都经意或不经意地陷进了好高骛远的泥潭里。

常常可以听到很多人哀叹自己这辈子"心比天高，命比纸薄"。其中原因，也许不是这些人真的"命运不济"，而原因恰恰在于，他们的"心比天高"。

一个人志气高远，壮志凌云，自然是好事，但是如果高得虚无缥缈，高得脱离了实际，那恐怕无论如何奋斗，终其一生也不会实现，那这样的志气就是空想、幻影。当美丽的"泡沫"破灭的时候，就难免要自哀自嗟"命比纸薄"了。

古籍《于陵子》里讲过这样一个故事。

有一只蜗牛志气很大，要成就一番惊天动地的大业，它的目标是，首先东上泰山，估计得走3000年；然后南下江、汉，也得走3000年。而当它反观自身，算了算只能活一天。于是，这只蜗牛悲愤至极，转眼已枯死在蓬蒿之上，徒留下笑柄而已。

做人应该有志气、立大志，确定人生理想和目标。但在你为自己绘制奋斗蓝图时，一定要切合自身实际。

志当存高远，但并不是说可以完全不顾自身的实际和社会的需求，一味追求高远。一个根本不可能实现的理想，只能是妄想空谈，这样的"志向"不但不能激发起前进的动力，反而会挫伤你的斗志，使人耽于幻想，一辈子一事无成，甚至自暴自弃，像那只蜗牛一样悲愤而死！

好高骛远者往往把自己的理想设计得高不可攀，而根本不知道应该把理想与自己的实际力量联系起来。就像有些人做事情从来不考虑自己是否力所能及，于是，做出了不切实际的决定，不是遭到失败就是做出荒谬可笑的事情来。对于根本不可能的事，还是不要痴心妄想的好。

人生虽有许多种力量，但实力是建设人生的最重要的手段和最基本的力量。在奔赴成功的艰辛路途中，我们决不能好高骛远，我们需要的只有实力，唯有实力才能对人生的事业与理想起到帮助和推动作用，使人生增值。

被评为湖南省十大杰出青年农民的刘九生，是靠做木梳起家的。

刘九生高中毕业时，正赶上父亲因不慎失足而摔成了残疾，他为了照顾家庭，放弃了高考回到家里，整日过着"面朝黄土背朝天"的生活。年轻气盛的刘九生不甘心一辈子过这种一潭死水般的生活，他梦想着有朝一日自己能够发家致富，创一番大事业。为此，刘九生曾做过多种生意，但都未能成功。刘九生的父亲有一手做木梳的手艺，劝他做木梳，可刘九生认为一个大男人，做小木梳有什么出息，不愿意学。

有一天，刘九生正坐在墙角叹气时，父亲走过来，心平气和地对他说："孩子，是我对不起你，耽误了你考大学。但三百六十行，行行出状元。如果你能把木梳做好，也可以发财，你如果愿意学，我明天就教你。"

第二天，刘九生就跟父亲学起了做木梳。他专心致志地学，几天就学会了，但每天只能做几把木梳，他们家住的地方比较偏僻，拿到集市上去卖，价格很低，慢慢地，刘九生有点灰心了。但是有一天，他到城里办事，发现城里一把木梳比家乡集市上要贵几毛钱，于是，他便挨家挨户去收购木梳，做起了木梳的批发生意。他很快就赚了五六万元钱，看到村里人手工做木梳靠的是传统的方法，生产速度慢，有时货源还短缺，他萌生了办一个木梳厂的想法。

厂子建起来了，他又四处寻找销路。

1993年12月的一天，刘九生突然接到衡阳市一家公司老总打来的电话，说想经销他的一些货，但不知木梳质量好坏。刘九生放下电话，就直奔那家单位，当刘九生走进这家单位时，正好碰上这家公司的员工下班，他的心猛地一沉，以为老总可能早就下班了！正当他有点灰心丧气时，忽然发现一个夹着公文包的人从公司走了出来，他怀着碰碰运气的心情上前去问道："请问某某经理的办公室在哪里？"没想到那个人就是那位老总。他看到刘九生如此勤勉，十分感动，紧紧握住刘九生的手说："小伙子，你的精神感动了我，我相信你的梳子质量也是最好的。"这一笔生意，给刘九生带来了2万元的利润。

刘九生就是这样，踏踏实实地，凭着用心和刻苦，走上了事业成功的道路。后来，刘九生的"天天见"公司一跃成为全国最大的木梳生产企业之一，产品远销东南亚各国，公司总资产已达到千万元。

好高骛远者首要的失误在于不切实际，既脱离现实，又脱离自身，总是这也看不惯，那也看不惯。或者以为周围的一切都和自己为难，或者不屑于周围一切，终日牢骚满腹，认为这也不合理，那也有失公允。

不能正视自身，没有自知之明，是这类人的突出特征。其实每个人都该掂量自己有多大的本事，有多少能耐，不要沾沾自喜于过去某方面的那一点点成绩，要知道自己有什么缺陷，不要以己之所长去比人之所短。

脱离了现实便只能生活在虚幻之中，脱离了自身便只能见到一个无限夸大的变形金刚。没有坚实的基础，只有空中楼阁、海市蜃楼；没有切实可行的方案和措施，只有空空洞洞的胡思乱想，这是造成好高骛远的人生悲剧的前奏。

好高骛远者打心眼里瞧不起每天围绕在身边的那些小事，更不屑于做，这是造就好高骛远者人生悲剧的根本原因。小事瞧不起不愿做，而大事想做却做不来。

"三百六十行，行行出状元。"成功之路有千万条，别人的成功之路自己当然也可以走，但这并不意味着每个人都可以走。因为人与人在兴趣、能力等诸多方面千差万别，每个人都有着不同于他人的"自身实际"。有志者确立自己的奋斗目标，一定要切合这个"自身实际"。

❖ 优势智能定律：天才就是站对位置

爱因斯坦小时候学习成绩一般。

他的希腊文和拉丁文老师很不喜欢他，曾经说他："爱因斯坦，你长大以后肯定不会成器。"老师怕他在课堂上影响别的学生，就把他赶出了校门。但他对数学、几何和物理方面有着浓厚的兴趣，凭借这些方面的独特优势，他最终成了伟大的物理学家。

爱因斯坦的故事告诉我们，每个人都有自己的优势，我们要懂得发挥自己的优势，选择属于自己的人生路。也许这条路不是最好的，却是最适合我们的，这样我们的人生道路上才会洒满阳光。

有句话说："天才是放对位置的人。"多元智能大师迦德纳博士也说过，人人都有其优势智能，而这优势智能有待被唤醒，看见自己的天才，是敲开生命宝藏的一块砖石。

有一个小男家，因为家境贫寒，总是吃不饱，人长得很瘦弱，经常被邻居家的孩子欺负。于是，他决定去学习武功，要打败那些欺负过他的人。可是由于他身体瘦弱，没有老师肯收留他。

小男孩很失望，他想："难道我就注定一辈子要被人欺负吗？"他甚至有了轻生的想法。就在小男孩非常痛苦的时候，一位失明的师父愿意收他做自己的徒弟。

小男孩非常高兴，可是这个师父毕竟是个盲人，他多少有些失望。不过他又一想："如果他看见我长得这么瘦小一定也不会教我武功的，既然他看不见那我就不和他说了。"这样一想，小男孩就放宽心了。

小男孩开始每天跟随师傅学习武功，可是很奇怪，师父并不教他搏斗的技巧，而是每天只让他跑来跑去，或者锻炼腿脚。小男孩很不理解，心想："这位师父不会武功吧？他怎么天天只教我这些呢。"

过了3个月师父还是让小男孩练习这些。小男孩终于忍不住了："您每天都让我做这些，为什么不教我一些其他的功夫呢？你每天只让我练习这些，我肯定打不败那些欺负我的人。"师父笑了笑说："那可不一定，要不要你去试试。"小男孩根本就不相信自己会成功，他没敢去找那些欺负过他的人。

可是，有一天在回家的路上，他却遇到了那群坏孩子，小男孩正想逃跑却被拦了下来。当这些孩子打他的时候，他便用灵活的步伐躲闪着，他惊奇地发现自己移动的速度非常快，那些坏孩子根本没有办法接近自己，这时他才明白师父的用意。

第二天，他把打架的事情告诉了师父，师父对小男孩说："你的身体比较瘦小，我根据你自身的优势教给你这样的功夫。"小男孩这才明白，原来师父是根据自己的优势来教他武功的，并且早就知道了自己身体瘦弱的事情。

这个小男孩的例子告诉我们，其实每个人都有自己的优势，如果我们把它挖掘出来，好好利用，就会取得意想不到的结果，发挥自己的优点，才能真正地提高自己，使自己处于一个不败之地。所以，相信自己吧，你并没有你想象的那样弱。

据美国社会专家研究，每个人的智商、天赋都是均衡的。即每一个人都会在拥有优势的同时具备劣势。那些成功人士并不是全才，而是他们懂得发挥自己的优势、规避劣势。我们要看清楚自己的优势，了解自己的长处，将自己的价值展现出来，这样才会取得属于自己的成功。

香港湾仔码头品牌的速冻饺子非常受欢迎。尤其是近些年，湾仔码头牢牢占据了速冻饺子市场的半壁江山，而其创始人臧健和女士，则是在优势行业创造财富的典型代表。

臧健和女士是山东人，作为北方人的她对包饺子十分在行。年轻时，她辗转来到了香港，开始了创业之路。一开始，她做过股票、房地产等投资，但都失败了。

后来，她想到了自己包饺子的技术，她想，自己对别的行业都不熟悉，可是包饺子却非常熟练，这不就是自己的优势吗？

下定决心后，臧健和女士就开始了包饺子的事业。

第一天卖饺子，她的心情忐忑不安。当时有几个打网球的年轻人，循着四溢的香味走了过来。他们说，从来没见过"北方水饺"，想尝一尝。臧健和女士恭恭敬敬地把水饺端给他们，然后盯着他们的表情。没想到几个年轻人异口同声地说好吃，并且每个人都吃了第二碗。

就这样，臧健和女士的事业顺利开张了。不过时间一长，问题也就来了。

有一次，她在码头卖水饺，发现一位顾客吃完水饺后，把饺子皮留在碗里，她忍不住上前询问。那个顾客毫不客气地告诉她说："你的饺子皮厚得像棉被一样，让人怎么下得了口。"

的确，臧健和女士最初的水饺是典型的北方包法，皮厚、味浓、馅多、肥腻，这并不适合香港人的饮食口味。于是，她针对香港人的口味对饺子制作加以改进，最后制作出了让香港人称赞的水饺。

就这样，臧健和的事业一步步发展壮大，最终创立了湾仔码头品牌，成为华人地区销量名列前茅的饺子品牌。在事业成功后，她无尽感慨地说："在我刚到香港的时候，好多人都劝过我做其他生意，可我说我就会包饺子。现在回过头来再看，我的选择是正确的，这个行业我非常熟悉，无论调馅还是擀皮，这都是我所精通的，这是我成功的关键。"

不管是从事何种职业的人，都必须认识自己的潜能，确定最适合自己的发展方向，否则很可能就埋没了自己的才能，最终一事无成。只有找准自己的位置，你的才能才会最大限度地爆发。

每个人都有自己的优势，因为人的兴趣、才能、素质等都是因人而异的。只有找到了自己的优势，你才能在相应的行业内做到得心应手，最终获得成功。

❖ 从众效应：活在别人眼里又累又可悲

生活中，虚心地接受别人的意见有助于自己更快地成长，可是过分地依赖别人的意见会使我们丧失主见，意大利作家但丁说过这样一句话："走自己的路，让别人去说吧。"很多人明白这个道理，但是能够做到这一点的人少之又少。我们总是太过在意别人的眼光，如果有人说我们的衣服难看，我们第二天就会决不再穿；当别人说你的声音不够甜美，那么你就会很少说话。做完一件事，大多数人总是依靠别人的评价给自己打分，别人的看法会被我们牢牢印在脑海之中，好的评价总会让我们心情愉悦，而那些不好的则给我们生活带来无尽困扰。

在当今社会，我们不可能独立地存在于这个社会中。可是我们不能因为这些，就让别人的议论成了生活的风向标。总是记得别人的议论，这是没有主见、没有自信的表现。它不但会影响我们的生活、学习，长此以往，还会让我们的心态更加消极，更有甚者，我们不敢自己寻找未来，而是从别人的眼中寻找未来。

费曼是美国的科学奇才，他的妻子性格开朗，总是善于从一些小事中寻找生活的乐趣，所以，他们的婚姻生活很幸福，一直是身边朋友羡慕的对象。

有一次，费曼的妻子给身在普林斯顿的他寄来一盒铅笔，上面还用一行金色的字表达了心中的爱意："亲爱的查理，我爱你。"

费曼觉得这礼物是很好，但是铅笔上有一句亲昵的话，如果跟教授、朋友讨论问题，忘在别人桌子上，别人会怎么想呢？他不好意思用这些笔。可是当时物质缺乏，舍不得浪费，所以只好刮掉一支铅笔上的字来用。

第二天上午，费曼又收到一封妻子寄来的信，一开头就写着："你想把铅笔上的名字刮掉吗？你难道不以拥有我的爱为荣吗？"结尾用特大号字体写着："你管别人怎么想呢。"看到这段话，费曼非常震惊，他想："是啊，我为什么要管别人怎么想？生活是自己的，人生也是自己的，干吗活在别人的议论中啊。"

受到妻子的启发，他决定写一本书讲述自己一生经历，而且就以"你管别人怎么想"当书名。

人生短暂，需要我们把握的东西有很多，如果你的人生总是不停地按着别人的要求来做自己，很显然，这样的人生是没有意义的。我们要知道，在人生道路上，我们只是别人眼中的一道风景，过了，就会很快地被人忘记。当你付出太多的努力来达到别人眼中的完美，别人也许已经丧失了关注你的兴趣。所以，不要过多地纠缠于别人的评价中，要学会做自己的主人。

美国著名女演员索尼亚·斯米茨，她的童年是在加拿大渥太华郊外的一个奶牛场里度过的。

当时，她在农场附近的一所小学里读书。有一天她回家后很委屈地哭了，父亲就问原因。她断断续续地说："班里一个女生说我长得很丑，还说我跑步的姿势难看。"父亲听后，只是微笑地对她说："我能摸得着咱家天花板。"正在哭泣的索尼亚听后很好奇，不知父亲想说什么，就反问："你说什么？"

父亲又重复了一遍："我能摸得着咱家的天花板。"

索尼亚忘记了哭泣，仰头看看天花板。将近4米高的天花板，她怎么也不相信父亲能摸得到。父亲笑着地说："不相信吧，那你也别信那女孩的话，因为有些人说的并不是事实！"

索尼亚就这样明白了，不能太在意别人说什么，要自己拿主意。

她在25岁的时候，已是个颇有名气的演员了。有一次，她要去参加一个集会，但经纪人告诉她，因为天气不好，只有很少人参加这次集会，会场的气氛有些冷淡。经纪人的意思是，索尼亚刚出名，应该把时间花在一些大型的活动上，以增加自身的名气。索尼亚坚持要参加这个集会，因为她在报刊上承诺过要去参加："我一定要兑现诺言。"结果，那次在雨中的集会，因为有了索尼亚的参加，广场上的人越来越多，她的名气和人气因此骤升。

后来，她又自己做主，离开加拿大去美国演戏，从而闻名全球。

自己拿主意，当然并不是一意孤行、孤芳自赏，而是忠于自己、相信自己，不轻易被别人的思想所左右。但是生活中，人人都难免有从众心理，常常会为了顾及面子而依附于他人的思想和认知，从而失去独立的判断，处处受制于人。

当我们太过在意别人的评价时，有时候会在别人的逢迎或夸奖中迷失自己，更容易在别人的议论中丢盔弃甲，很难去坚持自己的想法和判断。同时，太在意别人的评价会让我们经常患得患失，害怕一切可能会产生不好的后果。结果，自己承受的压力越来越大。每天面对着千目所视、万手所指的压力，你总会害怕别人都在注意自己的缺点或疏漏。这可怕的想法会使你退缩，失去积极主动的活力。

玛丽曾经每天陷于苦恼之中。她的个子不高，体重却是玛丽莲·梦露的两倍。

身高的缺陷再加上并不漂亮的容貌让玛丽感到很难过。有一次她去美容院，美容师肯定地告诉她，不可能把她的脸变成杰作。听到这句话，玛丽恨不得钻到地缝里去。慢慢地，她不敢去公众场合，害怕别人注意到自己，害怕别人对自己指指点点。

有一天，她一个人在广场上散步，她看到了一个矮小而肥胖的老妇人。这个老妇人的脸上擦满了厚厚的脂粉，嘴唇上还涂着鲜红的唇膏，一身名牌的穿戴让她看上去十分高贵。

由于这个老妇人很胖，她手里的手杖支撑了很大的力量。突然，手杖的尖头深深地戳进了地理。当她用力地往外拔时，因为用力过猛，身体一下失去了重心，她重重地跌倒在了地上。

一时间，这个老妇人倒在地上站不起来了。玛丽心想，她的心情肯定沮丧到了极点，在大庭广众之下摔倒毕竟不是一件优雅的事情。

玛丽非常同情这个老妇人，然而，这个老妇人却做出令她意想不到的事情。她坚强地站了起来，然后对玛丽笑了笑："瞧我不小心摔了个大跟头。"说完，还冲玛丽做了一个鬼脸。看着她离去的背影，玛丽突然意识到，没有人真正注意到你的所作所为，是你自己心里的"鬼"在作祟。

经历过这件事后，玛丽开始逐渐调整自己的心态，她决定不再考虑别人对自己的看法，也不会再因为别人的嘲笑而闷闷不乐。这时她才领悟到，只有学会释然，学会不计较别人的看法，自己才能活得快乐，赢得别人的尊敬。

对于别人的评论，我们应当学会释然。太多的时候，我们只是自己给自己不断地施压。许多东西是无法改变的，我们只有坦然接受。无论是在哪种场合，无论我们是否美若天仙，我们都不必活在矫情中，活在别人的世界里，处处担心别人怎么想自己，怎么看自己。当你懂得了这种释然，你就会体会到什么才是真实的、无忧无虑的生活。

只有为自己而活，我们的人生才能精彩。每个人都应该坚持走自己开辟的道路，不轻易受他人观点所牵制。活着是为了充实自己，而不是为了迎合他人的旨意。

如果不付诸实施，我们很难验证一个想法正确与否，因此，与其把精力花在一味地去献媚别人，无时无刻地去顺从别人，还不如把精力放在提升自己上。改变别人的看法总是很难，改变自己却很容易。我们可以参考别人的模式，但是中间的精髓一定要是自己的。

TIPS: 拿破仑·希尔"价值连城的个人成功计划"

目标的作用

（1）目标产生积极性。当你设定目标之后，能发挥激励作用，它是鞭策你前进的动力。

（2）目标有助于看清使命。每一天，我们都会遇到对自己人生和周围世界不满意的人。这些人中，98%的人缺乏具体的人生目标，生活漫无目的，没有意愿去改变现状，结果是，他们继续生活在一个他们无意改变的世界当中。

（3）目标有助于分清工作的轻重缓急。制定目标，善于合理安排工作，分清工作的轻重缓急，是成功者必备的一项基本能力。

（4）目标引导人们发挥潜能。没有目标的人，即使潜藏着巨大的潜能，也无法充分挖掘与发挥。目标能助你集中精力，不停地挖掘与发挥个人优势，最终激发出巨大的潜能。

（5）目标有助于更好地把握现在。成功者掌控当下，把握现在。人在现实中通过努力实现自己的目标，正如希拉尔·贝洛克说："当你做着将来的梦或者为过去而后悔时，你唯一拥有的现在却从你手中溜走了。"因此，树立目标，专注于现在，为当下努力，这才是成功者的选择。

（6）目标有助于评估进展。平庸者一般都有共性，那就是他们极少评估自己取得的进展。他们中的大多数人或者不明白自我评估的重要性，或者无法度量已经取得的进步。目标则提供了一种自我评估的重要手段。如果你的目标具体，你就可以根据自己距离最终目标有多远来衡量目前取得的进步，从而不断激励自己。

（7）目标使人未雨绸缪。成功者总是事前决断，而不是事后补救。而目标能帮助人们事前谋划。富兰克林在其自传中说过："我总认为一个能力很一般的人如果有个好计划，是会有大作为的。"可见，设定详细目标是多么重要。

(8) 目标使人们把重点从工作本身转移到工作成果上来。平庸者常常混淆了工作本身与工作成果。他们以为努力工作或一味增加工作量就一定会带来成功，这是不现实的。要想成功，就一定要朝向一个正确的目标发展，也就是说，成功的尺度不是做了多少工作，而是取得了多少成果。

(9) 你应该使自己的目标明确可见。明确你想要达到的具体目标，把它清楚地描述出来并写下来，然后专心一致地实现它。

(10) 制定实现目标的计划，并定出最后限期。为你的计划制定出详细的实施步骤和详尽的时间表，规划出不同时期的进度，例如每小时的、每日的、每月的。

(11) 对于希望要取得的人生目标，你应该保持真诚的态度。积极的心态是人类一切活动的原动力。成功的欲望会给你植入"成功意识"，成功意识又反过来培养出越来越强的成功习惯。

(12) 你应该无限信任自己和自己的能力。你无论做什么事，内心要有绝对成功的信心。你应该随时想着自己的长处而不是短处，想着自己的能力而不是困难。

(13) 你应该要有把计划进行到底的坚强决心。坚定的决心是任何别的东西都无法代替的。

第五章

❖

自控强化动力

——管理自己，优秀源自你的自律

❖ 高达90%的行为，出自习惯的支配

增强自己的自控能力，改变一些不好的习惯，你才能真正地做到自律。

从一个人的习惯就可以看出他的自控能力，因为习惯是自控能力的体现。一个人自控能力的强弱就体现在他有意识或无意识地在日常生活中和工作中表现出的习惯上。

然而，什么是自控能力呢？

所谓的自控能力就是一个人善于自我支配和自我调节的能力。心理学认为，自我控制能力是自我意识的重要成分，它是个人对自身的心理和行为的主动掌握，是个体自觉地选择目标，在没有外界监督的情况下适当地控制、调节自己的行为，抑制冲动、抵制诱惑、延迟满足、坚持不懈地保证目标实现的一种综合能力。良好的自控能力也是一个成熟的人进入社会最主要的因素。

不仅如此，一个人的习惯会影响他的品格，从而影响其日后的发展。很多年轻人一开始很不注意自己的习惯，觉得那只是暂时的小事。但是，久而久之，他们可能会因为一些恶习而为他人所排挤，到时候他们可能会懊悔起来，开始反思："真没想到那样随便玩玩也会成为改不了的恶习。"但是，那时候再懊悔又有什么用呢？

一个有志成大事的青年为了自己的前途，无论如何都要抵制不良的诱惑，在任何诱惑面前要始终坚定决心、不为所惑。他必须永远善

于自我克制，他的娱乐项目应该是正当而有意义的，否则只要稍动邪念，他就可能一下毁掉自己的信用、品格和成功。如果仔细分析一个人失败的原因，就可知道多半是因为那个人缺乏自控能力和有着种种不良的习惯。

美国石油大亨保罗·盖蒂曾经是个大烟鬼，烟抽得很凶。

在一次度假中，他开车经过法国，天降大雨，他在一个小城的旅馆停了下来。吃过晚饭，疲惫的他很快就进入了梦乡。

凌晨两点钟，盖蒂醒来了，他想抽一根烟。打开灯后，他很自然地伸手去抓桌上的烟盒，不料里面却是空的。他下了床，搜寻衣服口袋却一无所获，他又搜索行李，希望能发现他无意中留下的一包烟，结果又失望了。这时候，旅馆的餐厅、酒吧早已关门，他唯一可以获得香烟的办法是穿上衣服走出去，到几条街外的火车站去买，因为他的汽车停在距旅馆有一段距离的车房里。

盖蒂架不住想抽烟的欲望，于是，他脱下睡衣，穿好衣服准备出门。在伸手去拿雨衣的时候，他突然停住了，他问自己：我这是在干什么？

盖蒂站在那儿思考："一个所谓有修养的人，而且相当成功的商人。一个自以为有足够理智对别人下命令的人，竟要在三更半夜离开旅馆，冒着大雨走过几条街，仅仅是为了得到一支烟。这是一个什么样的习惯，这个习惯的力量竟如此惊人地强大！"

盖蒂把那个空烟盒揉成一团扔进了纸篓，脱下衣服，换上睡衣回到了床上，带着一种解脱甚至是胜利的感觉，几分钟就进入了梦乡。

从此以后，保罗·盖蒂再也没有抽过香烟。

一个人要是沉溺于坏习惯之中，就会不知不觉把自己毁掉。因为保罗·盖蒂意识到习惯的巨大力量，所以他坚持改掉烟瘾的坏习惯，从而使成功之路更加通畅。

有句古老的箴言说："习惯就像一根绳索。我们每天都会织进一根丝线，它就会逐渐变得非常坚固、无法断裂，把我们牢牢固定住。"

人们每天高达90%的行为是出自习惯的支配。可以说，几乎每一天，我们所做的每一件事都是习惯使然。

好的习惯使我们受益，让我们很自然地去做某些事情，而无须在意志方面付出巨大的努力；坏的习惯则是我们行动的障碍，且腐蚀着我们的意志力，我们很容易受它的控制，成为它的奴隶，意志坚强的人也不例外，保罗·盖蒂的例子就足以证明这一点。只是与普通人不同的是，保罗·盖蒂凭借毅力改变了自己的坏习惯，这可是常人所难以做到的。

每个人都有一些坏习惯，能否改正就是卓越和平庸之间的分界线。诚如奥利弗·克伦威尔于17世纪初期曾经说过："不求自我提醒的人，到最后只会落得退化的命运。"改掉坏习惯是永远都不该停止的。

❖ 时间管理：ABC控制法

能够合理、高效地管理自己的时间，才能创造比别人高的时间效益。

一个自律的人，首先应该是一个管理时间的高手。

所谓时间管理就是指在同样的时间耗费状态下为提高时间的利用率而实施的控制工作。我们可以通过对时间的管理来克服浪费时间的坏习惯，从而使我们的行动更有效率。实践也表明那些高效能人士都有着非常好的时间观念和强烈的事业心，他们对于时间有着非常强的紧迫感，因此他们总是能自觉、科学地去管理好自己的工作时间。

世界著名管理学大师彼得·德鲁克在总结有效的管理者应具备的素质时说："我们要对自己提出5项要求，其中第一项就是对于时间的管理。"他还说："高效能的管理者一定要清楚他们将时间花在什么地方。他们所能控制的时间并不是无限的，因此他们必须学会系统地安排时间，这样才能充分利用有限的时间资源。"他还大声疾呼："时间是最宝贵稀缺的资源。除非时间能够被妥善地管理，否则所有的工作都将无法被妥善管理。"可见，时间管理是否成功绝对能影响一个人事业的成败。

罗伯行·列文教授在《时间地图》一书里提出："当手表上的时间支配了一切，时间就会变成有价值的商品。手表时间观的文化将我们的时间视为一成不变的、直线式的，且是完全可以衡量测定价值的商品。所以，我们必须牢记富兰克林曾经提出的忠告："千万不要忘记，时间就是金钱。"

如今，我们常常引用富兰克林的那句"时间就是金钱"来表现时间的弥足宝贵。而在古老的中国，古人也曾经以"一寸光阴一寸金"来形容时间的宝贵。

假设以一个人一年的收入为标准，那么不同年薪的人一小时或一天的价值就截然不同。时间绝对是有价的，时间也绝对是无价的，因为谁也没有办法用金钱去衡量时间，它无法像金钱一样蓄积。正因为此，我们必须要学会对时间进行管理，让自己变成一个高效能人士，能够通过对时间的高效管理，让自己在有限的时间内创造出比别人高得多的时间效益。

在时间管理上，我们不妨采用"ABC控制法"。所谓"ABC控制法"就是把工作中的各个项目按照紧迫情况划分为最重要（A）、比较重要（B）和次重要（C）的三个种类，然后针对不同种类分别进行管理和控制的有效方法。

行
动
心
理
学

查尔斯·舒瓦普曾在担任美国伯利恒钢铁公司总裁一职的时候，向当时的管理顾问艾维·利提出了一个非同寻常的问题："请告诉我，该怎么做才能在办公的时间内做正确的事，如果您给了我满意的答复，那么我将支付给您一大笔的咨询费。"

于是，艾维·利递了一张纸给他，并对他说："把您明天必须做的事情写出来，先从最重要的那一项工作写起，写完之后，再按照纸上写的去做，直到完成所有的工作为止。然后，您再重新检查您的工作次序，看看有哪个漏掉了。倘若其中有一项工作直接花掉了您整天的时间，那么您也不用担心，只要您手中的工作是最重要的，那么就请您继续坚持做下去。如果按这种方法您依旧无法完成所有的重要工作，那么换用其他的方法也同样无效。如果您能将上述的这些变成每一个工作日里都能去坚持的习惯时，那么我这个建议将会对您产生良好的效果，到时候您就该给我支付那张大额支票了。"

几个星期之后，查尔斯·舒瓦普寄了一张25000美元面额的支票给艾维·利，并附言他确实改变了他的工作效率。

实际上，艾维·利给查尔斯·舒瓦普提供的就是ABC控制法。

在工作中，我们首先要对所有工作按其重要顺序进行规划。对A类工作，我们应该毫无疑问地要进行重点的管理；而对于B类工作，就要进行比较重要的管理；对C类工作只需要一般管理即可。这样做的好处就是能够让我们在有限的时间里以最快的速度去处理好最重要的事情。

一个人一天所做的事情其重要程度不同，同样，一个人一天的精力分配也是不平衡的，因此有必要根据自己的精力合理安排、使用好时间。

在制订工作日程之时，我们往往会因工作性质、工作状况和个性不同而进行不同的安排。总体来说，应遵守以下几个原则。

（1）将重要的工作项目作为中心项目，制订一天的工作日程。

（2）将今天必须第一个要做而且坚决要做完的工作列为中心，制订一天的工作日程。

（3）将工作日程与自己的身体状况和能量曲线进行相应的匹配。在精力充沛之时，尽量去做那些最富于创造性又最有挑战性的工作项目。

❖ 谦虚原则：花开半夏一定不会错

如果想要追求成功，就必须要保持谦虚，因为只有做到谦虚，你才能不断进步。

任何人在潜意识里都是争强好胜的，自负是人的本性之一。喜欢表现自我本来就是人的一种正常的欲望，但任何事物都是过犹则不及。生活中，我们经常会遇到一些总爱过度表现自己的人，他们总喜欢指出别人这件事做得不合适，那件事做得过分，似乎他什么都行，对什么都可以说出个所以然来。他们之所以摆出这样一副"万事通"的面孔，就是唯恐被人轻视。这种自负其实恰好是自卑心理的曲折表现。本来，他们炫耀的目的就是要提高自己的地位，殊不知，这样做的结果只能使他们更捉襟见肘、遭人厌恶。

杨修以才思敏捷、颖悟过人而闻名于世，他在曹操的丞相府担任主簿，为曹操掌管文书事务。

一次，北方来人向曹操进献一盒精心制作的油酥，曹操开盒尝了尝，觉得味道很好，因此连说了两声"好"，随即盖上盒盖，在盒上题写了"一合酥"三个字后便走开了。

众人都弄不懂这是什么意思。杨修来后，思索了一会儿，便动手打开这盒油酥。一个老文书连忙说："不要动，这可是丞相喜欢吃的呀。"杨修对大家说："正是因为它味道好，丞相才让我们一人一口分了吃的。"老文书不解地看着杨修，杨修淡然一笑说："这盒盖上的'一合酥'不正明摆地告诉我们'一人一口酥'吗?"

建安二十四年（公元219年），刘备进军定军山，他的大将黄忠杀死了曹操的爱将夏侯渊，曹操亲自率军到汉中来和刘备决战，但战事不利，如果前进担心刘备军力，如果撤退又怕被人耻笑。

一天晚上，护军来请示夜间的口令，曹操正在喝鸡汤，就顺便说了："鸡肋"。杨修听到以后，不等上级命令，只管教随从军士收拾行装，准备撤退。夏侯淳知道了慌忙来问，杨修却说："以今夜号令，便知魏王不日将退兵归也：'鸡肋者，食之无肉，弃之有味。'今进不能胜，退恐人笑，在此无益，不如早归，来日魏王必班师矣。故先收拾行装，免得临行慌乱。"曹操知道以后，杨修却还是这样回答。曹操怒道："汝怎敢造言乱我军心!"于是喝令刀斧手，推出斩首，并把首级悬挂在辕门之外。

很多人都认为杨修不谨言慎行才招来了杀身之祸，事实上，他过于恃才傲物、逞口舌之快，早晚都会被杀害。

我们可以适当自我表现一下，但不要过于锋芒毕露，可以用谦虚、谨慎的目光来磨平"表现"的棱角，毕竟自我表现是一个长期的过程，这样才算是两全其美，既不灼伤自己，也不会招致别人的忌妒。

任何一个人即使在某一方面有很高的造诣，也不能够说他已经完全精通，不用再钻研了。俗话说，学海无涯。所以，任何人都达不到学业的最高境界。

虚怀若谷、虚心好学才能容纳真正的学问和真理，才能取人之长、补己之短，日益完善自己的影响力和人品。

爱因斯坦是20世纪世界上最伟大的科学家之一。然而，他在晚年仍在不断地学习、研究。

有人问他："您的学识已经非常具有影响力了，何必还要孜孜不倦地学习呢？"

爱因斯坦并没有立即回答这个问题，他找来一支笔、一张纸，在纸上画上一个小圆和一个大圆，对那个人说："在目前的情况下，在物理学这个领域里可能我比你懂得略多一些，正如你所知的是这个小圆，我所知的是这个大圆。然而整个物理学知识是无边无际的。对于小圆，它的周长小，即与未知领域的接触面小，它感受到自己的未知少；而大圆与外界接触的周长大，所以更感到自己的未知东西多，会更加努力地去探索。"

的确，人外有人，天外有天。唯有谦虚学习，才能更好地走向成功。

❈ 在其位谋其政，任其职尽其责

职场上，有些人总是好高骛远，只想着将来要获得什么样的成绩，而忘了自己分内的责任，这种人是很难获得成功的。即便你的工作再卑微，你也要记住，那是你的责任，只有完成了自己的责任才有资格去谈成功。

成功不见得在大领域内才能创造，即便是范围有限的专业领域，只要专心钻研、不轻易放弃，不轻易自满，让一次又一次的成功表现成为跳板，在小领域也能创造大成功，帮助自己再攀向另一座人生高峰。

在英国赛马界有一位声望极高的权威性人物亨利·亚当斯，他既不是名声显赫的老板，也不是技能出众的骑师，而只是一名负责钉马掌的铁匠。

可为什么像亨利这样在一般人印象中的"小角色"却会成为重量级的人物呢？

原因就是他总能够给赛马钉上最合适的马蹄。

亨利常说："我给赛马们钉了一辈子的马蹄，这就是我的工作，也是我最关心的事。每当我看到一匹马，首先想到的就是这匹马应该要钉一副什么样的马蹄最合适。"

亨利做了一辈子钉马掌的工作，或许有人认为这份工作微不足道，但他却因为这份工作为自己赢得了极大的荣耀。即便在他年事已高的时候，找他钉马掌的骑师仍然络绎不绝，生意非常兴隆。

　　相信绝大部分的人都希望自己能够像亨利这般成功，那么从这一刻开始，你需要在先在工作上做到自律。不妨通过问问题的方式来提醒自己、训练自己。例如，我是否明确了解自己的职责？我是否能够抗拒各种诱惑，把工作做到尽善尽美？我在工作不如意的情况下，是否也能"在其位谋其职"，仍旧投入自己全部的精力？如果你对于上述问题皆能获得肯定的答案，那么属于你的成功应该就在不远处了。

　　通往成功的大门不是容易的，要想克服眼前的困难，需要你能站得高、看得远。最好的办法就是自律，对自己严格一点儿，定下更高的目标，提出更高的要求，并且一步一个脚印、排除万难，踏实地完成。在有办法承受挫折与考验之后，你将能清楚地知道，今日的锻炼将是未来成功的垫脚石，往后再面对工作中的各种困难时便能够处之泰然了。

　　也许有人会想："我负责的是再普通不过的工作，就算做得再好也看不到出路。况且那么无聊的工作和优秀根本扯不上边儿，只是混口饭吃罢了，要通过工作来变得优秀谈何容易，这种方法可能不适合我！"

　　这种想法是非常危险的。

　　对于一个有自律能力的人来说，"尽本分"是无可逃避的责任。是否做好了自己的本职工作，也是一个人竞争力最好的体现。著名的经济学家茅于轼在《中国人的道德前景》一书中说："一个商品社会的成熟程度，可以用其成员对自己职业的忠诚程度来衡量。社会成员具有强烈的职业道德意识是商品经济长期锤炼的结果。一个人如果不尽本分，不忠于职守，必然会被淘汰。"

　　虽然绝大多数的人站在不同的工作岗位上，但若将他们的工作内容抽丝剥茧地细细审视，便不难发觉可能有九成以上的人都在做延续性、重复性、维护性的工作，公司里真正能达到开创性的人大概不超过10%。这么说来，难道只有少数的人才能算作是有竞争力吗？答案是否定的，一个人之所以被称为优秀的决定条件，不在于他担任什么样的职位，而是在于他是不是有足够的自制力来完成看似枯燥的工作，并且在这份工作中提高自己的竞争力。

在某大厦的电梯间里有一道亮丽的风景，一支由年轻女孩们组成的电梯服务队给人留下了深刻印象。

她们身着空姐式的制服，工作场地是只有几平方米的电梯间。工作虽然很劳累，但是她们在迎来送往的工作中始终面带微笑，凡是来过这里的顾客都对她们那如花般灿烂的笑容记忆犹新。

电梯员的工作很枯燥，每天重复的语言只有这样几句话："您好！请问您去几层？""好的！请您慢走，谢谢光临。"这些看似简单的语言说起来容易，但是一天始终重复服务，却不是一件简单的事情。

黄某就是这个企业的一名电梯员，她刚刚来到这家企业的时候，是一个性格内向的女孩，企业领导就针对她的性格，有意让她多参加对外宣传、演出等活动。

渐渐地，黄某的性格变得开朗活泼起来，在公司的悉心培养之下，她已经成为这家企业的明星人物，见到她的人都亲切地称呼她为微笑大使。

因此，热情、周到的服务不仅为黄某迎来了众人的好评，同时也有一些企业用很诱人的工资和待遇想要把她"挖走"。

谁说复杂的事物才值得用心，谁说困难的工作才得要认真呢？

即使是平凡、普通的例行公事，也应该尽本分地妥善执行，因为即便是一项简单的小任务，只要能圆满地完成，结果就是满分。

所以，无论做什么工作，都要在明确清楚知道职责的前提下，心无旁骛地把每一件任务尽可能做到最好。不论有没有旁人的监督，我们都应该认真、负责地做好分内事，因为这是一条帮助我们脱离平凡、走向成功的最佳道路。

❖ 领导者定律：人人都要管好自己

每个人都是自己的领导者和管理者，管好自己的行为，才有资格去领导他人。

常言道，人往高处走，水往低处流。对于绝大部分人来说，人生的高处恐怕就是权力、金钱、名誉了，换句话说就是成为领导者。但卓越的领导者不是天生的，在成为成功的领导者之前，先学会做个称职的被领导者吧。所谓"打铁还得自身硬"，就是这个道理。最好的被领导者就是最好的领导者，要不然即使做了领导，也是"上梁不正下梁歪"。

所以，不管环境如何，管好自己是做人的义务。只有这样，你才有资格领导他人，才能在做事时有效地分配时间、精力和资源。一般来说，越能自我约束、管好自己的人，实现目标的愿望就越强烈，因为你的大脑是清醒的，而实现梦想的愿望越强烈，你就越有动力，就越能避免外界的干扰。

有一家广告公司，公司规定早上9点上班，可是老板发现每天都有员工迟到，按时出勤率不到30%，于是老板采取了各种手段来管理，点名、打卡、签到、指纹机、门禁卡，其结果收效甚微。

一次，老板在和一位朋友聊天的时候，说起了这个头疼的问题。

朋友问他："你一般什么时候到公司？"

"我经常早上10点以后去公司。"

朋友问:"你为什么觉得你可以迟到呢?"

"我是老板呀,我当初创业就是不想受人管制啊!"

朋友问:"你不想被人管,那么,你觉得员工喜欢被这样你管吗?"

"哦,可能也不喜欢吧。"老板有点犹豫,"其实,我也不想管太严、罚太重,这样员工会流失的,但总不能全公司都迟到吧?"

朋友想了想说:"我建议,你自己试一次,连续两个月,每天坚持按时上班。你自己先做到了,员工就不能不跟着你做到。"

这位老板半信半疑,但是决定一试,结果,他坚持了不到10天,每天的按时出勤率达到了96%,而且没有用任何的政策和工具。

你能为自己负责,你就是真正的成年人;你能为家庭负责,你就是家长;你能为部门负责,你就是部门经理;你能为企业负责,你就是老板;而当你不能管理自己的时候,就失去了所有领导别人的资格和能力。人的伟大,在于管理自己而不是要求别人。因为管好自己,你才有资格去领导别人。

❖ 自爱,就要对诱惑说"不"

诱惑无极限,它能让人疯狂。想培养自己的自制力,就要时时刻刻都能经得住诱惑。

柳下惠，姓展，名获，字子禽，曾官拜鲁国士师。据说，他居官清正、执法严谨，因不合时宜，于是弃官归隐，居于柳下，即现在的濮阳县柳屯。死后被谥为"惠"，故称柳下惠。

相传，某一天，柳下惠远行夜宿住门外。当时天气严寒，忽然有位女子来投宿，柳下惠担心她被冻死，于是让她坐在自己的怀中，并用衣服帮她盖上，直到天亮也没有做越礼之事。

还有另一个说法，说柳下惠外出访友，途遇大雨，直奔路边古庙暂避，但一进门，见一裸体女子正在里面拧湿衣服，柳下惠急忙退出，坐于古槐之下，任暴雨浇注。此段"佳话"即柳下惠坐怀（槐）不乱。

不管是哪一种说法，这个故事本身就是在告诫人要自爱、自尊自重，经得住诱惑。人若能管住自己，让自己远离诱惑，这就是最大的自律。

在人们的日常生活中，诱惑可以说无处不在，每个诱惑都是带着耀眼的光芒，让人朝着那片光亮奋不顾身。诱惑有时候像毒药一样能够侵占人的心、遮住人的眼睛、让人迷失方向。所谓的诱惑是那些能改变人的心智，最终把人带上颓废之路的东西。譬如，金钱就是一个诱惑，但是在这个诱惑面前行动不同，结果也会不一样。比如一个人在金钱的诱惑下，他想的是通过努力和正确的途径去得到它。而有的人却选择了所谓的捷径，比如偷盗、贪污、招摇撞骗等。这些人在诱惑面前没有自制力，经不住诱惑走了偏路，结果可想而知。

当你面对诱惑时，最强有力的支持来自于你自己的心灵深处，强而有力的自律能力是你抵抗诱惑的力量源泉。但如果一个人自制力不强，在面对诱惑时没能做出正确的选择，那么，诱惑立刻就会变成青面獠牙的魔鬼，把你打入失败的地狱。可以说，自制力是人们成功的必要条件。只有经得住诱惑、自律自爱，才会朝着一个既定的目标勇往直前。在确定目标后，最好每天记录下为达到目标所做的事情，一旦发现所做的跟目标没有任何关系时一定要及时纠正。

小城中最大的一家外商独资企业招聘一名技术人员的消息不胫而走：
"底薪每月8000元，提成奖金除外，每年还可以到大洋彼岸旅游一次。"应
聘者蜂拥而至。

正值酷暑季节，高工坐在闷罐似的笔试考场里，蒸腾的暑气加上燥热
的心情使他大汗淋漓。面对考题他并不怕，外文、专业技术类考题都答得
十分圆满，唯有第二张考卷的一道题令他头疼："您所在的企业或曾任职
过的企业经营成功的诀窍是什么？技术秘密是什么？"

这类题对于曾在企业搞过技术的应考者并不难，可高工手中的笔却始
终高悬着，捏来攥去，迟迟落不下去。

多年的职业道德在约束着他："曾经工作的厂里数百名职工还在惨淡
经营，我怎能为了自己的饭碗而砸了大家的饭碗呢？"他心中似翻江倒海，
毅然挥笔在考卷上写下四个大字："无可奉告。"高工拖着沉重的步子离
开了考场。

正当高工连日奔波、另谋职业之际，外商独资企业发来了录用通知。

可见，只有强而有力的自制力才能保障我们不迷失自我，护送我们
到达成功的彼岸。自制力强的人能理智地控制自己的欲望，以独有的方
式去满足那些社会要求和个人身心发展所必需的欲望，对不正当的欲望
坚决予以抛弃。

某报告文学中曾有过这样一段描述。

杨乐到了北大数学系后，学习更努力了。他和张广厚每天学习演算12
小时，他们假期没有休息过一天。

"香山的红叶红了。""让它红吧，我们要演算题。"

"中山公园的菊花展览漂亮极了！""让它漂亮吧，我们要学习。"

"十三陵发现了地下宫殿。""真不错，可是得占半天时间，割爱吧。"

"给你一张国际足球比赛的入场券。""真是机会难得，怎么办？牺牲了吧，还是看我们案头上的数学竞赛题吧！"

杨乐与张广厚在强烈的学好数学的事业心的召唤下，一次次克制了游玩的冲动，为他们在数学领域中获得重大的成就创造了条件。

萧伯纳说："自我控制是强者的本能。"如果你想成为学习上或者生活上的强者，那么你就得学会自我控制，坚决抵制各种不良诱惑。

现在的社会物质条件优越，身边充满了各种各样吸引我们的东西，电视、电影、游戏机、各种动画玩具，特别是网络都充满了诱惑，如果我们不能正确地对待学习和玩耍的关系，必然会严重影响学习，甚至会犯下更为严重的错误。

人之所以会抵制不住诱惑，主要是对诱惑盲目无知或认识不足。诱惑的出现总是带着神奇色彩，人们常常看到其有利的一面而不知其有害的一面，结果因为好奇而不知不觉受到诱惑。

然而，不管怎样的诱惑，总是可以抵制和预防的。

首先应当提高自己的识别能力，增强自己的"免疫力"。在诱惑面前要能把握事物的优劣主次，分清哪些是自己通过努力能够达到的，哪些又是自己即使努力也不会达到的。特别是当有诱惑力的事物遭人反对时，更应该多听听、多看看，冷静地思考一番再决定取舍。在诱惑面前，人的意志力相对薄弱，容易做出错误的判断。所以多听听别人的意见，对冷静自己的头脑非常有益。

同时要加强自己的意志锻炼。许多人抵制不住诱惑的一个重要原因就是缺乏自控能力。

怎样增强自己的意志力呢？

被诱惑所侵袭往往是由于自己某些不健康的心理在作怪。如果一个人能有高尚的志趣，怎么会被诱惑侵袭呢？最好的办法就是多看一些健康书籍，从思想上武装自己。

要想成为思想高尚的人，首先要有明确的目标，知道究竟是为了什么在奋斗。目标明确就不会轻易受到外界的各种干扰，从而迷失自己。

诱惑都是毒药，只能让人沉沦。一个具有正确人生观、崇高思想和丰富精神生活的人，才能有效地抵制各种不良诱惑。

抵制诱惑，还可以断绝对自己不利的坏朋友。经常看一些警钟长鸣的电视和新闻，让自己时刻保持警惕。诱惑都是悄然而至，没有带着标志前来，所以一定要培养自己的判断力和自制力。

自制力是一种克制或节制，自我约束是一种美德，是文明战胜野蛮、理智战胜情感、智慧战胜愚昧的表现。如果我们没有自我控制的能力，就会缺乏忍耐精神，不能管理自己。

人们面对的诱惑有强有弱，有的对于你来说本来就不算是诱惑。比如，当你走进网吧时，努力使自己退出来，你的自制力便增强了一分；当同学让你一起打球而你另有安排时，果断地拒绝，你的自制力又增强了一分；你喜欢看电视，那么你就努力坚持让自己一个月不看电视，这样你的自制力就又增强了一分。久而久之，你的自制力已在不知不觉中逐渐增强了。

❖ 自省，一种不可遗失的品格

自省是自我评价、自我反省、自我批评、自我调控和自我教育。是指对一个人自身思想、情绪、动机与行为的检查。人们通过反复、冷静地回顾自己的行为，寻找自己的缺点和错误，不仅能够让他人认清自己，还能够让自己理解他人。

大多数人的眼睛只看得见别人身上的瑕疵，却看不到自己身上的缺点。为了看见自己，人类发明了镜子，但镜子只能照出人的外貌，却看不见人的内心。要想看见更真实的自己，我们就要利用一面能照出内在自我的"魔镜"——自省。

自省是一面镜子，可以照出自身的缺陷和毛病，自省的过程又是不断改正错误、更新提高自我的过程，正所谓"吾日三省吾身"。我们不能总是依赖别人帮助自己找缺点，因此，我们需要学会把自己以往的经验通过阅读、观察生活中其他人的行为作为"镜子"，经常对照自己，发现自身的不足，并使自己严格按照正确的道德规范去做事为人，这就是我们常说的"自律自省"。而在自律自省后规范自己的一言一行，使自己不致再犯同样的错误，就需要我们慎言慎行。

春秋时期，宋国一度内政不修，引起动乱。当时的国君宋昭公落得众叛亲离，被迫出逃。

在路上，宋昭公进行了深刻的反思，他对车夫说："我知道这次被迫出逃的原因了。"车夫问："是什么呢？"昭公说："以前，无论我穿什么衣裳，侍从都说我漂亮；无论我有什么过失，大臣都说我英明。这样，从内外两方面我都发现不了自己的过失，最终落得如此下场。"

从此，宋昭公改弦易辙，注重品德修养，不到两年，美名传回宋国。宋人又将他迎回国内，让他重登王位。他死后，谥为"昭"，含有称赞宋昭公知过必改的意思。

自省能让人不断地进步，自省这面明镜可以帮助我们明是非、知善恶、辨美丑。

我们需要通过自律自省来帮助自己扭转过去的错误。自律就是一个监督自己的道德法庭，当我们心中有了这个"法庭"之后，就能够约束自己的恶念和不好的习惯，让自己更优秀。

自省是一种能力，自省能力好的人表现为意志力强、个性独立、有自己内在世界观、喜欢独处、追求自己的兴趣、显得有自信、穿着有自己的风格、能独立完成研究主题。而自省能力差的人自我价值感很低、不知道自己的人生目标、不太留意自己日常的感觉、时常担心亲近的人会不喜欢自己、不喜欢一个人生活、有时会有虚无感、觉得没有真正活着、经常为一些小事不安。

诸葛亮六出祁山，病死在五丈原。

蜀国的老百姓和士卒们得知丞相已死的消息后"皆跌撞而哭，至有哭死者"。后主刘禅闻讯，大叫："天丧我也！"哭倒于龙床之上，皇太后听说亦大哭不已，"多官无不哀恸，百姓人人涕泣"。

杨仪等运送诸葛亮灵柩到成都，"后主引文武官僚尽皆挂孝，出城20里迎接，后主放声大哭，上至公卿大夫，下及山林百姓，男女老幼无不痛哭，哀声震地"。

早在街亭之战失败后，诸葛亮总结此战失利的教训，痛心地说："用马谡错矣。"为了严肃军纪，诸葛亮下令将马谡革职入狱，斩首示众。

虽然失街亭的错在马谡，但是诸葛亮拭干眼泪，又宣布一道命令："对力主良谋、临危不惧、英勇善战、化险为夷的副将王平加以褒奖，破格擢升为讨寇将军。"善于自省的诸葛亮斩马谡、提升王平之后，多次以用人不当为由，请求自贬三等，一品丞相为三品右将军，仍尽心竭力辅佐后主刘禅，欲图中原，成就大业。

诸葛亮能够给自己挑毛病，这证明他是一个懂得自省且非常自律的人。

由此可见，自律自省是一个人提高个人修养、塑造高尚人格的重要手段。从古到今，注重道德修养、塑造高尚的道德人格和优雅的气质一直是中华民族修身之道的精髓，做人之道在于明白、追求最高之德，光明正大、公正无私、廉洁奉公，而这些都是以自律自省作为起点和基础的。不会自省就谈不上修身；不会自律，也无从高尚与优雅。唯有自省和自律才会慎言慎行，它是我们每一个走向生活的人的行囊里必不可少的宝物，是承载我们驶向幸福目标的航船。

一个经常自省的人，常常会检视自己的内心："我今天有什么收获？""我今天的行为都是应该的吗？""我要怎么样才能做得更好？"经常这样问，可以把自己当作一件艺术品那样去雕琢、去精心呵护，这样就能让自己像艺术品一样在别人眼里价值连城，被人称颂。

然而，让我们成为"艺术品"的就是自律自省中形成的良好的修养、高尚的品德和崇高的人格。因此，我们要学会自我批评、自我反省，督促自己改正错误，并长久以往坚持不懈，这样我们就能让自己的人生在不断"雕刻"中价值连城，为人们所尊重和景仰。

此外，自律自省还是引领我们走向成功的阶梯。每个人的成功都不是一蹴而就的，都需要不懈努力，在不断的失败中找出通向成功的道路，而自律自省就是帮助我们打开成功之门的钥匙。

正如古人所说："先学而后知不足。"这里的"学"可以扩展为通过学习、反思来提高认识。我们平常所说的"吃一堑，长一智"也是指通过对自身失误的分析、反思来提高自己的认识水平和处事能力，使之达到新的高度，不断接近成功。

在生活中，自律自省还能让我们理解他人过失，发现他人的优点，从而学会宽容；自律自省能让我们发现自己的不足，思考自己的得与失、善于恶、对与错，开展积极的思想斗争，自觉纠正言行偏差，并不断对自己提出更高的道德要求，完成从自发到自觉、从外表到内心、从被动到主动的行为转变，使自己的道德修养提高到一个新的境界，从而使自己成为一个道德高尚的人。

TIPS：认识你的性格弱点

在接受改变自己的开始，你先要做的是解剖自己、了解自己。

现在思考这样的问题。

你觉得自己生命中最重要的东西是什么？

你最希望一生取得的成就是什么？

你希望别人对你一生的评价是什么？

如果今天是生命的最后一天，你最想做的事是什么？

你明确了你的人生理念，你知道什么是对你自己最重要的事情。

相信你不想成为无用之人，你希望重新组建你的生命。可是，现状对你来说太困难了，你感到很难去改变。

你的弱点就像铁链，而你就好似被锁住的老虎，虽然你想成为森林之王，但还是被锁链般的弱点牢牢拴住。你被自己的弱点击败了，如果你不改变，早晚会被自己的性格弱点溺死。

看看下面的选项你有几个？

自卑

（　）跟朋友出去郊游，你的朋友走得快，你会以为他们在孤立你、看不起你吗？

（　）朋友开玩笑地提起一件你比较尴尬的事情的时候，你不会跟他说："嘿，你这家伙，真不给面子啊？"然后自以为巧妙的转移话题？

（　）挑选自己的衣服时你总是询问别人的意见？

（　）跟一群人在一起走的时候，你会离那些不如你的人比较近？

（　）你有时候向别人询问些你已经确定了的事情？

拖延

（　）星期一的早晨，你又为起床感到费劲，你觉得这对你太难了？

（　）你明知道自己染上了一些恶习，例如抽烟、喝酒，而又不愿改掉，你常常跟自己说："我要是愿意的话，肯定可以戒掉。"

（　）你总是制定健身计划，可从不付诸行动："我该跑步了，从下周开始。"

（　）你想做点体力活，如打扫房间、修剪草坪等，可是你却迟迟没有行动，你总有各种各样的原因不去做，诸如工作繁忙，身体很累等。

（　）你的洗衣机里已经塞不下你的脏衣服了？

没有目标

（　）你有拿笔发呆的习惯？

（　）你在整天泡在网上，却不清楚自己到底对网络上什么东西感兴趣？

（　）每个周一，你从来都不会花10分钟去考虑这周要做什么，而是有什么事做什么事？

（　）给你一个10天的长假，你会稀里糊涂地度过。

（　）你有报告要写、有客户要见，还有个饭局要去，这些事都很急，但你却花了半小时来决定先做什么？

抱怨不停

（　）今天你的上司找你谈了话，你回到办公室非常不开心，于是拉了个同事开始抱怨领导对你有多么不好。

（　）回到家，你总是喜欢把今天碰到的烦心事告诉你的每位亲人，而且是不停地说。

（　）上班第一天，你就洞察办公室里人心叵测、各怀鬼胎，存心给你下马威？

（　）你觉得你的朋友吃的像货车一样多，却丝毫不发胖，而你呢？只要吃一小口巧克力就会变胖。

（　）回到家你就开始跟家人说"无能"的同事加薪了，而你只能等下次。

（　）你最近在看一本畅销书，但你觉得它写得很一般、封面也难看，价格还贵，买了真是上当。

冷漠

（　）你从来没有给老人或者其他需要座位的人让座。

（　）当你看到身边有不愉快的事情发生，例如打架、抢劫，你视而不见？

（　）你从不关心任何与你无关的事，当别人谈论时事的时候，你便离开。

（　　）周末，你总是喜欢自己独自在家，你认为虽然孤独寂寞，但也免得麻烦。

（　　）上早班的时候，你连续沉默了一个小时，不说一句话。

虚荣

（　　）你喜欢谈论有名气的亲戚朋友或以与名人交往为荣。

（　　）热衷于时髦服装，对于西方的流行货万分倾倒，对于名牌津津乐道？

（　　）你喜欢和别人谈论电影、名著和艺术，但其实自己知道的也不多，你只是为了得到别人的赞许。

（　　）你想表现自己，尤其想在大庭广众面前露一手，因为这会引起大家对你的重视。

（　　）经常停留在商店橱窗前，悄悄欣赏自己的身影，欣赏自己的照片已成为你生活的一部分。

自我设限

（　　）你经常为自己的相貌感到苦恼，最后你得出这样的结论："我就是长得不漂亮。"

（　　）你现在很痛苦，因为你在事业上多次失败，你觉得你肯定不能成功，时常对自己说："我命中注定就是这样倒霉？"

（　　）昨天，和朋友逛商场之前，你跟他说："我觉得那个商场肯定不能买到好衣服。"

自私

（　　）周末你又为车位跟别人争执，甚至还出言不逊。

（　　）朋友来你家玩，你害怕他们看到你珍藏多年的红酒或是雪茄。

（　　）跟别人谈话，你有时会打断别人的话，然后自己侃侃而谈。

（　　）你反感你的一个朋友或同事，因为他总是想和你借东西。

不守承诺

（　　）你答应帮朋友一个忙，却给自己找种种借口不去兑现。

（　　）你的时间观念太差，约了八点，往往八点一刻才到。

（　　）你告诉你的属下，如果他们工作出色就加薪，但是你总能找到不加薪的理由。

（　　）你答应请朋友去吃饭，却因为别的事或懒惰一拖再拖，而且你并没有为此做出弥补；

苛求完美

（　　）你为一个项目做了多个计划，但是你却很难决定用哪个计划。

（　　）你认为没有十足的把握通过一个并不重要的考试，于是就请病假。

（　　）你因为鼻子上有一个不用放大镜就看不到的斑点而不敢照镜子，甚至要去整容。

这些性格弱点，是令人讨厌的魔鬼，想要抛弃它们也并不困难，现在，让我们马上行动！按照下面的顺序，认真完成其中的每一项。

行动1：现在，花点时间在你头脑中搜寻最有趣的回忆，把平时最吸引你的活动记录下来，当你的伤心事浮上大脑的时候，立即转移到让你高兴的事，也就是下面记录的让你高兴的事上面。

我最甜美的回忆：

我最喜欢做的事情：

行动2：你对自己最不满意的地方是什么，你觉得自己自卑的源头是什么？

思考5分钟，然后记下来：

从现在开始下定决心改变现状，记住：是自卑源头的改变！

每天跟自己大声说：谁都无法阻挡我走向成功！

行动3：现在我要你走到大街上，对身边的每个陌生人微笑，找到两个陌生人进行5分钟以上的交谈。这个行动对你来说是不是非常有挑战性？

别害怕，开始你也许会觉得这令你难堪，相信经历几次，你就会掌握与陌生人交谈的技巧和心态。

第 六 章

❖

魅力提升动力
——修炼形象，成为自己的贵人

❖ 彰显自己的本色

人生旅途中，有的人喜好功成名就，而有的人却乐意平淡。因此，尽管每个人具有不一样的先天条件，但是，千万不可对别人进行刻意的模仿或者盲目崇拜，而是应该寻找真实的自我，真正活出自己的本色。不管你选择什么样的人生，请在有限的生命中，活出自己的本色，而不是活在别人的影子里。

从前，有一个女孩，她梦想着有一天能真正登上舞台，做一名优秀的歌唱演员。但是她的牙齿长得很不好看，为此，她非常自卑。

一次，她终于赢得了一次登台的机会，在朋友的推荐下，新泽西州的一家夜总会邀请她去演出。她又是高兴，又是紧张。结果在演出时，她总担心别人看到她的牙齿，于是她总想把上唇拉下来盖住丑陋的下唇，结果洋相百出。

演完之后，正当她在台下哭得伤心的时候。有一位老人对她说："你很有天分，坦白地讲，我一直在注意你的表演，我知道你想掩饰什么，你想掩饰的是你的牙齿。难道长了这样的牙齿一定就是丑陋不堪吗？听着，孩子，观众欣赏的是你的歌声，而不是你的牙齿，他们需要的是真实。张开你的嘴巴，用你的歌声去征服观众，除了你，没人会在乎你的牙齿。再说，说不定那些你想遮掩起来的牙齿，还会给你带来好运呢。"

这个女孩便接受了这位老人的忠告,不再去注意自己的牙齿。从那以后,她一心只想着自己的观众,她张大嘴巴,唱得热情而激昂,最终她成为电影界和广播界的当红歌星。

这个女孩正是凯丝·达莉,后来,有很多的喜剧演员一直想模仿她呢。

每个人在这个世界上都是独一无二的,没有一个人与我们是完全一模一样的,而这个独一无二,就意味着每个人都是有特色的,所以我们应该做的是,彰显这种本色,活出一个独特而又顽强的自我。

有一部名叫《樱花恋》的日本电影,故事中的女主角想通过医学手段将自己的单眼皮变成双眼皮,她的这一想法却让她的美国丈夫非常恼火。

这位日本姑娘想这样做的目的,其实是为了让自己更像美国人,她自以为只有这样,才能使丈夫认为她更可爱。但事实上,她的丈夫原本喜欢的就是她具有东方气质的那种相貌。

很多时候,不少人都有这样的感觉,一些外国人选择亚洲女性作为太太,而这些亚洲太太并非我们心目中的那种美女,相反,我们会觉得她们算不上漂亮。而外国人往往就喜欢身材娇小、低鼻梁、单眼皮,言行中透露出文静气质的亚洲女孩。

每个人的审美观不同,对长相美貌评判的标准当然也不一样,不过,每个人都有自己的优缺点,与其勉为其难地用医学手段对自己进行改造,还真不如将自己的本色好好彰显一下。有时候,自己与众不同的地方恰恰就是自己的美丽所在,我们不要期望成为别人,应该希望我们最像自己才对。

曾有这样一位美国太太，她在上海一家照相馆拍照，当看到照片时，她发现摄影师竟然修掉了她脸颊上的一块凹下去的印子。这位美国太太看后非常不悦，开始质问摄影师这样做的理由是什么。于是，摄影师连忙解释修掉印子后会更好看，而这位美国太太却说："不管是否好看，那毕竟是我脸上有的东西，你不应该擅自主张将其修掉。"

总而言之，只有真的，才是美的；只有突出亮点，才能彰显自己的本色。若每个人都像这位摄影师一样去掉真实的部分，那么谈"美"就无从入手了。如果我们真的爱自己、重视自己，那么我们既不要模仿别人，也不要刻意掩饰自己认为的不足之处，而是应该将自己的本色彰显出来，并且设法让它发光发亮。

❖ 人格魅力，你的金字招牌

一个人最重要的是他言语间散发出来的某些东西，是能让别人感觉到他存在的。同时，又可以感受到一种力量，一种从主观到直观所散发出来的一种魅力。

伟人之所以成为伟人，不仅在于他的权力和地位，更在于他拥有无人能挡的人格魅力。任何一个人，要想取得成功，都必须具备一定的人格魅力。也就是说，他在性格、气质、能力、修养以及道德品质等方面具有非常吸引人的能量。

有些人天生具有与人交往的能力，他们无论待人处世，言谈举止甚至举手投足间都显得自然得体，毫不费力便可以获得好人缘。而有些人却没有这种天赋，他们必须努力表现才能引起他人的注意。但无论是天生还是努力的结果，能够吸引他人的都是他们的人格魅力所在。

乔治·华盛顿是美国首任总统，美国独立战争陆军总司令。华盛顿曾被誉为"战争时期第一人，和平时期第一人，同胞心目中第一人"，让他获得三个"第一人"美誉的不是他的权力，也不是他的地位，而是他的人格魅力。

战争中，华盛顿总是冲锋在前，带领士兵浴血奋战，为美国人民的独立事业建立了不朽的功勋。和平时期，华盛顿作为美国第一任总统，在两届任期结束后，他自愿放弃职位不再续任。之后他便恢复平民生活，隐退在弗农山庄园。

当法国可能向美国宣战的时候，亚当斯总统曾写信给华盛顿："如果惠蒙您同意的话，我们一定要使用您的名义，您威名的力量远远胜过无数的军队。"可见华盛顿在美国人民心中的地位。

一个人身上具有令人喜爱的人格特征，是他身上释放出的一种魅力。不关乎他们的外表，而身上具有这种人格的魅力的人令人尊敬、爱戴，同时，拥有一种凝聚力，这些力量将会带领他们走向成功。

无论你是否天生就具有令人倾倒的人格魅力，都不应该忽视在与人交往中努力提升自己的人格魅力，这会让你离成功更近一步。

首先，要学会微笑与倾听。

微笑是人类最美的语言，在社交场合中，更是一种必杀技。不管在任何场合，都要保持面带微笑。真正的微笑并不是嘴角上扬那么简单，而是要真诚地表现出自己的喜悦之情。很多时候，露齿微笑的感染力更强。

如果你能够带着微笑耐心地倾听别人说话，那么，你不需要说一句话便已经征服了对方。不顾他人感受的喋喋不休是社交场合中的大忌。社会心理学家研究发现，有27%的不成功相亲是源于一方话多、另一方无语的尴尬局面。相反，保持倾听的姿态，不时地点头微笑表示赞同等积极反应，会使对方在你身上找到共鸣，从而心生好感。

其次，保持积极的心态。

一个具有人格魅力的人应该善于控制和支配自己的情绪，保持乐观开朗、宽容豁达的心境，情绪稳定而平和，与人相处时能够给人带来欢乐，令人精神舒畅而愉悦。

人们往往更喜欢那些带来积极心理效应的人。如果一个人总是关注一些消极的信息，在和别人交往时所谈论的也总是一些会给人带来负面情绪的话题，比如失业、失恋等，人们常常会选择对他敬而远之。因为追求积极是所有人的天性，不妨积攒一些开心资源，比如经常看一些小笑话，在聊天时和大家分享。随口的一个笑话，往往能使你成为众人关注的焦点，为你增添几分光彩照人的魅力。

最后，真诚待人。

1968年，美国心理学家安德森在一张表中列出了550个描写人品质的形容词，然后让大学生们指出他们所喜欢的品质。结果显示，得到票数最高的品质是真诚，而评价最低的品质是说谎、不老实。

在现实生活中，人们都喜欢和真诚可靠的人交朋友，而痛恨、提防那些虚伪阴险的人。一个人要想拥有令人尊敬、欣赏的人格魅力，就需要对自身的优缺点有一定了解的基础上做到不自卑、不自傲，规范自己的言谈举止。在生活中保持积极、乐观的态度，培养广泛的兴趣爱好，快乐地享受人生。

古希腊伟大的物理学家阿基米德曾说："给我一个支点，我将翘起地球！"一个人的人格魅力就像一个支点，拥有这个支点的人能够顺利走向成功的大门。

❖ 做一个值得信赖的人

信赖就像磁铁一样具有磁力，我们越值得别人信赖，磁力就越强，就越能吸引更多的人靠近，也就能聚集更大的能量。

信赖是人际关系中的钻石。一个人能赢得多少人的信赖，就拥有多少次成功的机会。人无信不立，良好的信誉能给人的生活和事业带来意想不到的好处。一个值得信赖的人并不一定具有非凡的能力，却一定能够做到言必行、行必果。

1835年，摩根家族的继承人约瑟夫·摩根先生为一家名为伊特纳火灾的小保险公司投资，成为它的股东。不久，一位购买了这家保险公司火灾保险的保户家里发生了火灾。按照合同规定，保险公司必须付理赔金。然而，当时保险公司的经济状况不容乐观，如果完全付清这个保户的理赔金，保险公司就有面临破产的危险。

不少投资者面对这样的风险都惊慌失措，不知该怎么办。甚至有人愿意自动放弃他们的股份，因为他们不愿意承担拿出更多钱来赔偿保户的损失。此时的约瑟夫·摩根先生同样陷入了两难的境地，按照自己的经济条件，根本无力支付高额的赔付金，而退股虽然可以保住部分金钱，却同时也使自己失去了信誉。经过再三思量之后，摩根先生认为信誉比金钱更重要。于是，他四处筹款，甚至不惜卖掉了自己的房产、地产，然后把理赔金全数付给了保户。

这件事之后，伊特纳火灾保险公司因为信守承诺声名大噪。同时，摩根先生的行为也为他带来了良好的名誉，被人称为"值得信赖"的人。让他没有想到的是，投保的客户蜂拥而至。原来大家都是冲着摩根先生的信誉来的。从此，伊特纳火灾保险公司开始崛起，摩根先生也踏上了事业的成功之路。

许多年之后，摩根先生的孙子J.P.摩根继承了祖父的信用，并依靠它建造了自己的金融帝国，创办了对美国甚至是全世界金融业都有重大影响的"摩根财团"。

信誉是人生最大的财富，也是成功的源泉。成就"摩根财团"的并不仅仅是机遇，也不仅仅是金钱，更是值得别人信赖的信誉。一个值得信赖的人更容易受周围人的接纳和尊重，他说的话也很容易使别人信服，获得支持，他遇到苦难的时候别人会毫不犹豫地伸出援手。

要想获得别人的信赖，就必须做到言而有信。比如你和别人约定3点钟见面，那么2点55分你就应该到达。不仅给自己5分钟的时间准备，还会给对方带来值得信赖的感觉。你只有多次做到言行一致，才能和他人建立信赖关系，需要注意的是，只要你失信一次，之前你所做的一切可能都将归零，甚至你从此被对方列入"不值得信赖"的黑名单。所以，对于你没有确切把握的事情，千万不要忙着对别人承诺，否则你可能会因为失信于人而给自己带来不可想象的烦恼。

日本京都陶瓷的创办人稻盛和夫先生，自1959年创业以来，他的企业从来没有出现过亏损。他之所以能够把企业经营得如此成功，最关键的因素在于他是一个值得信赖的人。

稻盛和夫曾说："缺乏互相信赖的人际关系，就不会有成功，企业经营尤其如此。"

对于如何才能构建相互信赖的人际关系，稻盛和夫进行了一番钻研和实践。刚开始，他以为只要寻找值得信赖的人进行合作就可以。然而，他很快发现自己错了，他曾多次遭人背叛。渐渐地他意识到，如果自己不能成为一个值得别人信赖的人，与别人之间的信赖关系就无法建立。如果自己给他人带来不可靠的印象，即使原来信赖的朋友也会离去。

于是，稻盛和夫开始坚持诚心诚意地信赖别人，并且不断地问自己是否值得别人信赖，如果答案是否定的，他就会马上改正自己的态度和行为，即使他为此蒙受损失也不改初衷，他也由此使自己的成功之路走得更加平坦。

《菜根谭》中曾这样描述人与人之间的信赖关系："信人者，人未必尽诚，己则独诚矣；疑人者，人未必皆诈，己则先诈矣。"意思是一个肯信任别人的人，虽然别人未必都是诚实的，但是自己却先做到了诚实，一个常怀疑别人的人，别人虽然未必都是虚诈，但是自己已经先成为虚诈的人。一个人如果能够拥有在任何情况下都信赖他人的气度，那么，他一定是一个值得信赖的人。

❖ 要成功，就必须把眼光放远

一个人最大的成功，不在于眼下他已经取得了多少成就，而在于他此刻的行为能够为他自己日后的发展带来多大的帮助。虽然成功是一步步积累出来的，但只有每一步都能为下一步打好基础才有可能走得更远，爬得更高。

美国作家唐·多曼在《事业革命》一书中说："'把眼光放长远'是踏上成功之路的一条秘诀。"一个人如果想成就大事，就必须把眼光放远，把整个世界都装在心中，而不是只看到眼前的一点利益。没有远见的人是绝对不可能成大事的，甚至连小事也很难做成。因为只有把目光投向远处，才能有大志向、大决心和大行动，才不会因为一时的得失而停住奋斗的脚步。

在人生的起跑线上，所有人都俯身为未来准备着，但是只有把眼光放远，心中装着终点成败的人才能成为佼佼者，不畏一路的艰辛、奋勇向前。远见告诉我们可能会得到什么东西，并且不断地召唤我们去行动，带领我们从一个成就走向另一个更高的成就，把身边的一切条件都作为跳板，跳向更高、更好的境界。人越有远见，就越有潜能，越能成事。

美国航运、铁路、金融巨头科尼利尔斯·范德比尔特，是美国历史上第三大富豪，身家远超过比尔·盖茨，也是电脑游戏《铁路大亨》的原型人物。

科尼利尔斯·范德比尔特的幼年生活虽不算富足，但也算经济宽裕。他的父亲在斯坦顿岛上拥有一块农场，收入可以供养一家人。到了16岁的时候，范德比尔特开始想要拥有自己的事业。首先让他看到机会的是由荷兰人引进的帆驳船，它曾经是纽约港主要的运输工具。他向母亲借了100美元购买帆船，从此开始了自己的事业，用帆驳船在斯坦顿岛和曼哈顿之间运送旅客。超出常人的远见使他的事业蒸蒸日上，他不但拥有了一定的财富，还拥有数目可观的帆船运输队，但他还是时刻关注着随时可能出现的机遇。

很快，他便在汽船行业中看到了自己的未来。他卖了所有的帆船，放弃了已经拥有的一切，开始到当时最早的一艘汽船上当船长，年薪仅仅1000美元。当时，纽约州政府把在纽约水面经营汽船的垄断权给了罗伯特·利文斯顿，虽然很多人对这项垄断立法都感到不满，但无人敢公开指出。范德比尔特坚持要求政府取消这条法令，并最终取得了成功。之后，他拥有了自己的汽船。并且很快成为美国最大的船东，被美国《商业日报》称为"船长"，这为他此后更伟大的事业奠定了基础。

人生就像下棋，学会走一步看十步，才能把控全局，获得最终的胜利。范德比尔特是人生棋局的胜利者，他走出的每一步都为未来埋下了伏笔，使他捕捉住了潜藏的机会，最终获得了巨大的利益。一个始终把眼光投向远方的人，必然能够掌控未来的变化，为未来做出最好的规划。

被誉为清代"红顶商人"的胡雪岩曾经有一句名言："做生意顶要紧的是眼光，看得到一省，就能做一省的生意；看得到天下，就能做天下生意；看得到外国，就能做外国生意。"一个人的眼界往往决定他所能取得的成就大小，看得远的人往往走得也远。

香港著名的实业家霍英东人生的第一次创业就显示了他的远见。

当时，金融业和房地产业在香港非常吃香，利润也很高。但是霍英东却从中看到，这两个行业已经接近投资的饱和程度，一旦市场出现饱和，投资人不但无法获利，还可能会血本无归。于是，他决定重新找一个新的经济增长点作为自己事业的起跑线。

经过深入的考查和思量，霍英东认为挖沙业是一个十分具有潜力的行业。

很多投资者都认为这个行业耗费人力，获利却很少，没办法实现快速赚钱，所以投资者很少。而霍英东却觉得这个行业利润少是因为生产模式过于落后。同时，他看到香港房地产行业的快速发展必然会拉动建筑业的大规模兴起，而沙子作为建筑业必备的原料，需求量一定会上涨。于是，霍英东毅然决定投资挖沙业。

他从欧洲引进了先进的挖沙机船，不但节省了人力，还提高了生产效率，从而扩大了自己的利润空间。不久，他所预见的香港建筑业的兴起果然到来，他靠着提供沙土原料而不断获利，跨入香港富人的行列。

霍英东不计较眼前的利益，而把眼光放在更远处的利益，所以能够在别人都不愿投资的挖沙行业中赢得成功。只有把眼光放得长远，才能发现隐藏在自己周围的机会，才能把挑战当作机遇，并且紧紧抓住它。

未来的成功之门向所有人都是敞开的，关键是你是否已经看见这扇门，并且知道如何把握机会。

❖ 养成每天读书10分钟的习惯

如果每天记10个英语单词，一年下来就是3600多个；如果每天多掌握一个技术方面的小问题，用不了多久，就可以掌握大量的技术知识。积累的关键在于坚持，做个有心人，从每一件小事做起。

一个人若想超越狭小的视野，修正自己做事的心态，提升自己做事的能力，就必须重视用知识武装自己。著名的哲学家培根曾说过："知识就力量。"古往今来，无数人用实际行动印证了这句话的正确性。

吴士宏是IBM中国区前任总经理，被人们称为"打工皇后"。然而，她的成功也是建立在知识大厦之上的。她曾说自己十几岁的时候除了自卑地活着，一无所有。

后来，她患上了白血病，战胜病魔之后，她忽然觉得自己不应该这样毫无意义地活下去，应该活得充实些，至少也要体验一下成功的感觉。于是，她开始自学大学英语，然后又拿下了英语专科学历，得到了迈向新生活的一张"入门券"。

一个偶然的机会，吴士宏参加了IBM公司的招聘会，经过异常严格的竞争之后，她凭借自己扎实的知识基础顺利通过了两轮笔试和一轮口试，成为这家世界著名企业的一名最普通的员工。在IBM刚开始工作的日子，吴士宏依然只是一个卑微的角色，每天只是做些沏茶倒水、打扫卫生的琐碎小事。有一次，吴士宏外出购买办公用品回来时，在公司大楼门口，门卫把她拦住并要检查她的外企工作证。吴士宏外出的时候太匆忙，忘记带证件，就这样被挡在了门外。来往的人都用异样的眼光看着她，她内心充满了屈辱。她发誓要改变现状。要想从低处爬往高处，没有更好的办法，只能付出比别人更多的努力。

吴士宏每天比别人多花6个小时用于工作和学习，她吃力地研读着市场分析方面的著作。很快，她便脱颖而出，在同一批进入IBM公司的同事中，第一个做了业务代表。接着，她又用新的知识为自己争取到了经理的职位。随后，储备的知识在她攀登高峰的时候发挥了巨大的作用，她很快就成为IBM华南区的总经理，最后成为IBM中国区的总经理。

吴士宏用自己不断储备的知识一路高歌，走上了人生的巅峰。

是知识成就了吴士宏，让她抛弃自卑的人生，彻底摆脱被人轻视的生活，改变了命运。世界著名社会学家托夫勒曾在《权力转移》一书中指出，"知识"在21世纪必定成为首位的权力象征，而"财富""暴力"等只能屈居其后。

在成功之前，必须积蓄足够的力量，否则，即使爬上更高的位置，也将因无法驾驭而摔下。所以，要想在事业上取得突破性的发展，获得更大的权力，就必须储备足够的知识。就像大树的成长需要充分的养料和水分为它提供能量，人同样需要知识的能量来推动自己走向成功。

储备知识是一个漫长的过程，不能有任何懈怠和停滞。即使曾受过高等教育的人也不能高枕无忧地驻足不前，否则很快便会被人超越，被社会淘汰。一个随时随地都注意磨炼自己、积累经验、储备知识的人，必定前途光明。他所获得的内在财富将使他受用一生。

原哈佛大学校长曾说："养成每天读书10分钟的习惯，这样每天10分钟，20年以后，你的知识水平一定前后判若两人，只要你所读的都是好的东西。"一个人积累知识和经验是他获得成功最重要的资本。他所储备的这些能量一旦到关键时候，必将发挥巨大的作用，成为他超越自我，成就卓越的主要力量。

华人首富李嘉诚说："知识改变命运。"这句话正是他一生的写照。

李嘉诚的幼年生活非常艰辛，只能靠做推销员、茶楼伙计等维持生计。然而，即使是在这样艰难的环境下，他依然没有忘记学习，尤其是对英语的学习，他时刻为把握改变人生的机会而准备着。虽然他没有很好的学习条件，甚至买不起英语教材，他仍然想尽各种办法为学习创造条件。他做药材推销员的时候，每一种药品说明中都有中英文两种文字，他便利用研读药品说明来学习英语。

李嘉诚常说自己是抢时间看书。家境贫寒的他只能买旧书看，一次只买一本，看完以后再卖掉，买其他书看。正是因为李嘉诚丰富的知识储备以及热爱学习的习惯，才为他以后的成功奠定了扎实的基础。正如李嘉诚所说，"不断地学习"就是他取得成功的奥秘。

比尔·盖茨说："在知识经济时代，知识是你成功发展的基本条件。"世界每天都在变化，知识每天都在更新，任何人要想取得最后的成功都绝对不能满足于自己曾经掌握的一点知识，不能停止对知识的更新和积累。

❖ 让礼貌成为你的名片

每个人都在寻求成功的捷径，希望幸运之神能够降临到自己的身上，却又不断地感叹"做事容易做人难"。一个能够瞬间获得他人欣赏和喜爱的人往往有求必应，成功自然也是水到渠成。

俗话说："礼到人心暖，无礼讨人嫌。"一个人如果连最基本的礼貌都做不到，就很难获得别人的好感，长此下去所有人都会远离他。在他遇到困难的时候，也很难得到别人的帮助。

礼貌体现了一个人对别人的尊重和友善。每个人都希望别人能够尊重自己，而要想让别人礼貌待你，你首先必须礼貌待人。一个人如果注重礼仪，礼貌待人，那么将会得到别人的尊重；相反，一个人如果待人轻慢，别人同样会以轻慢的态度对待他。

礼貌是我们在社交中的第一张"名片"，也是代表我们自身形象的"身份证"。无论是学历、资历，还是能力，都必须在礼貌这张"名片"展示之后才能让人看见。所以，一个有礼貌的人往往能够幸运地敲开成功之门。

不注重礼貌待人，不仅是缺乏礼仪素养的一种表现，更会影响个人的发展。人和人交往，往往从言谈举止中就能看出这个人是否值得深交，是否值得信赖。一个缺乏基本礼貌的人，无论有多大的能力，都很难得到别人的认可。

礼貌是拉近自己与他人关系的一座桥梁。懂礼貌的人往往更受他人欢迎，更容易交到朋友；不懂礼貌不仅会引起他人的反感，还会在与他人的交往中产生障碍。

原一平被称为"推销之神"，而他的成就和他注重礼貌待人是分不开的。

原一平刚刚进入推销界的时候，也是一个不太重视礼貌的新人。然而，一次客户的训斥引起了他对礼貌的重视，并从此改变了他的一生。

一天，原一平去拜访一个老客户，希望他能够续保。原一平觉得和老客户沟通会比较容易，更何况自己最近推销的能力越来越强，所以，相对于以往就显得漫不经心一些。在拜访客户之前，他没有整理自己的衣服，甚至没有发现头上的帽子戴歪了，领带也系得松松垮垮的。

到达客户家门前之后，原一平甚至没有敲门就一边说着"你好"一边推开了客户的门。应声而来的客户看到原一平一副随随便便没有礼貌的样子非常生气，大声斥责他说："你竟然这样没有礼貌！我是因为信赖明治保险的员工才投了保，谁知道你们居然这样缺乏教养，随便无礼！"

原一平这才意识到自己刚才的失礼有多么严重。他即刻取掉头上的帽子，重新戴正领带给客户道歉。

他诚恳的道歉态度感化了客户，这才使得客户心平气和地听他介绍保险的情况，并同意续保。

原一平用礼貌挽救的不仅是一笔生意，更是自己的人格修养。在成功之路上，礼貌的重要性毋庸置疑，它比高深的智慧、高超的能力都更重要。以礼待人可以使你的人际交往更加通畅，也使你的成功之路更加平坦。

礼貌看似烦琐，却能产生神奇的魔力。一个时刻把礼貌放在心中的人就像随身带着一张精美的名片，在举手投足间就能让人记住他，并愿意与他交往。任何想要成功的人都应该拥有这张神奇的名片，并让它成为自己最好的广告，帮助自己走向成功。

❈ 美是一种优雅的素养

　　形象是一个人在社交生活中的广告和名片，每个渴望成功的人都应该善于利用自己的形象资本，把美作为个人的一项重要素养进行培养，从一点一滴做起，在他人心中为自己塑造一个美好的形象。

　　美不仅仅是指一个人外表漂亮的程度，还指一个人对自身形象关注的程度，对美学和美感的理解力，甚至包括一个人在社交中对自己的言谈举止、仪态礼节等一切和个人外在形象有关因素的控制能力。

　　有调查发现，大部分成功人士认为适宜的外在形象对于事业发展有着正向帮助。良好的外在形象能协助自己拓展人脉，获得更多成功的机会。

　　俗话说，佛靠金装，人靠衣装。爱美是人的天性，大多数人在潜意识中都有以貌取人的倾向。一个人的外在形象将会直接影响别人对他的印象，而穿着得体、有品位，无形之中就抬高了他的身份，并且给人带来可以信赖的好印象。相反，一个穿着邋遢的人等于是在告诉别人他习惯不被重视，不值得信赖。

　　班·费德文是美国保险界的传奇人物。他从业近50年，每年的销售额平均为300万美元。1984年他获得保险业最高荣誉——强·纽顿·罗素纪念奖，被誉为"世界上最有创意的推销员"。就是这样一名出色的推销员刚刚进入保险行业时，曾经因为穿着打扮非常不得体而差点被辞退。

公司负责人认为费德文头发理得根本不像推销员，衣服搭配得也极不协调，看上去又土气又难看。

"你一定要记住，要想有好的业绩，你必须先把自己打扮成一位优秀推销员的样子。"公司的推销高手告诉费德文，"良好的外在形象会帮你加分，赢得别人的信任，这样工作也就更加得心应手。"他建议费德文去找一个专门经营商务男装的老板，向他请教如何打扮才最得体。

之后，费德文先去理发店，要求发型设计师帮他设计一个干净整齐的发型。然后又去了同事告诉他的那家男装店，请老板指导他怎么穿着搭配才更适宜。老板非常认真地教费德文打领带，又帮他挑西装，然后教他怎样选择和西装相配的衬衫、领带、袜子等。他详细地向费德文解说每种款式、颜色该如何搭配，最后还特别送给费德文一本如何穿着打扮的书。

从此，费德文像变了一个人似的。不但在穿着打扮上像一个专业推销员，甚至在推销保险的时候也变得更加自信。他的业绩也因此不断地提升，获得了公司的认可。

费德文改变的不仅是穿着打扮，更是一种由内而外的气质。

一个人如果连管理自己、装扮自己都做不好，别人又怎么会相信他能够做好一项工作并取得成功呢？

美丽并没有特定的标准，一千个人眼中就有一千个西施。你要想让自己在所有人眼中看起来是美的并不容易，最好的办法就是找到属于你的美丽规律，按照自己的个性来装扮自己，让自己的形象给人以舒服、合理的感觉。

注重个人形象，追求美丽人生，并不是要你每天打扮得花枝招展，而是要求你提升自己的"美商"，寻找最适合自己的衣着打扮，展现符合自己个性的形象。

另外，良好的形象不仅包括个人的发型、装饰和衣着，还包括个人的内在性格的外在表现，比如气质、谈吐、行为举止等。言行举止是一个人内在魅力最直接的外在表现，是一个人道德情操的体现，文化素养的载体。在人际交往中，温文尔雅的言行举止往往更容易给人留下良好的印象。相反，如果举止粗鲁，出口成"脏"，就会引起别人的反感和厌恶。所以，对个人的形象设计，除了外表的打扮之外，更要注意在一言一行中表现出自己的魅力。

良好的形象是赢得成功人生的潜在资本。对于个人而言，好的外在形象可以增强自信，培养乐观开朗的个性。保持一个良好的形象不仅是为了吸引他人的目光和好感，获得他人的帮助和支持，更重要的是为了自己能够处于最佳状态，从而促进自己事业的成功。

TIPS：**自我优势自测**

每个人都有自己的优势和弱势，而你，就是优势和弱势的整体平衡者。人生的成败就在于能否成功地挖掘你自身的优势，并把这个优势发挥到极致。利用以下的测试，客观地找出你自己的优势吧！

测试开始：

请想一想，与你身边的3个朋友比，谁最有魅力、最受异性的欢迎？

a.当然是自己。

b.自己是最糟的。

c.不知道。

d.4人中自己大概排在第二位。

2.当你和异性朋友交往时，父母劝你不可以跟那种人交往，要你马上与他分手。对于这种情况，你会说：

a. "爸爸不要管我，我自己会负责。"

b. "我也正想和他分手。"

c. "可是，他是一个很好的人呀。希望爸爸能了解他。"

d. "知道了，我会好好地想一想。"

3.约会时，当ta好像很无聊的样子保持沉默时，你会说：

a. "不去旅馆吗?"

b. "怎么啦? 心情不好吗?"

c. "咱们去别的地方玩吧?"

d. "回去吧!"

4.当他系着不适合的领带（围巾）很骄傲地对你说："这条不错吧!"时，你怎么回答?

a.回答"不错"。

b.只是笑而不答。

c.直接地表示说"没气质"。

d.说不错是不错，不过上次那一条更好看。

5.在结婚典礼的前一天中午，昔日的恋人突然出现，对你说："每次想起过去，我就想紧紧地抱着你。"并向你提出要求时，这时你会：

a.殴打对方并说："不要侮辱我!"

b.答应对方。

c.很困惑，很尴尬，不知所措。

d.婉言拒绝。

6.有人在一个男人的背后贴上了一张写有"混蛋! 色狼!"的纸条，那个男人却不知道，这时你会：

a.提醒那个男人："先生，请脱下西装看看。"

b.偷偷地跟身边的人说："你看"。

c.趁他不注意的时候把纸条取下来。

d.默不作声。

测试分析：

请查查看你在各测试中所回答的记号，并分别算出a、b、c、d各有几个。数目最多的那一组，就是你的类型。但是，如果有两组以上数目相同的话，那你就是e类型了。

a类型的优势

自信而有主见是你最大的优势。你对自己充满自信，有强烈的喜好和憎恶，有很强的独立意识。喜欢自己的问题自己解决，不喜欢他人过多地加入意见。你很有主见，做事从来不瞻前顾后，会努力地朝自己认为对的方向努力。所以，你成大事的关键在于选准目标，如果选好了目标，再以你的全力去投入，你就可以取得一定的成就。

在为人处世方面，你是一个很直率的人，做事不喜欢绕弯子，有什么想法很直白地表达出来，不在乎别人的看法和感受。所以，你要力求做到委婉一些，用温和的方式去解决问题，这比你直截了当的表白会更有效。

b类型的优势

良好的人际关系是你最大的优势。你外柔内刚，善于听从他人的建议和意见。你心思细密，善于替人着想，非常尊重他人的意见。你是一个有博大爱心的人。具有同情心的你和朋友们相处得很好，在朋友中有一定的威信，他们比较依赖你。

你是大家的开心果，任何时候都是话题多多、快乐无比，脸上常常挂着阳光般的灿烂笑容。温柔是你的一大魅力，你对任何人都十分亲切，所以大家都很喜欢你，而你也乐于助人，看到别人有困难一定不会袖手旁观。如果你能在考虑问题上，也学会多为自己考虑一点，那样，你的生活会更加轻松和快乐。

c类型的优势

为人坦诚、敢于行动是你最大的优势。你的人生充满着知足常乐的温馨，能够从日常生活中得到许多乐趣。你处事比较宽容，对于一些细节问题不喜欢刨根究底，这样会让你身边的人觉得很轻松。你在人际关系中表现得像一个大大咧咧的人，从而受到很多人的欢迎。你很少发表自己的意见，但是这并不表明你没有主见，你的心里是很明白的。

你的人生有很多成功的优势，你行动能力强，做起事情来干劲十足，而且敢作敢为。如果你能在做事的时候加以适当的思考，或者找到一个聪明睿智的上司为你的工作做适当的指导，你就可以成为一个很有成就的实干家。

d类型的优势

做事充满理性是你最大的优势。你是一个非常理性的人，不管在什么时候，都能以理智的眼光来判断事物，这对你成就大业非常有帮助。你做事有明确的目标和取向，不会因为别人的意见而改变你的初衷和决心。

你善于思考，思维缜密、严谨，逻辑推理能力强。你对于工作认真细致，努力、认真是你的最大优点和魅力，做任何事情你都会全力以赴做到最好，决不会半途而废，而且你做任何事都有好成绩，因此常常成为别人的偶像。

e类型的优势

创新思维和丰富的想象力是你的最大优势。你对问题有极强的探索力，很喜欢对事物的深层内涵进一步思考和研究，所以能洞察很多事情的本质。你是朋友、同事的顾问和智囊，只要一遇到问题，他们一定会第一个想起你。很多时候你都会提出中肯的意见，朋友们视你如良师益友。如果你能把自己的各种奇思妙想整理成具体的思路，并在实践生活中加以实施，就能取得你意想中的效果。

下

行动起来，得到想要的一切

第 七 章

◈

别让拖延害了你
——做，比做得最好更重要

❖ 拖延是生命的窃贼

元代陶宗仪写了本名叫《南村辍耕录》的书，书里有个"寒号虫"的故事。

五台山有一种鸟叫寒号虫。四足，夏天它的羽毛会变得绚丽斑斓，这时它就展开翅膀，自鸣得意叫道："凤凰不如我美丽。"到了深冬季节，它的羽毛脱落了，浑身光秃秃的，美丽的外表顿时消失，于是就自我安慰地说："得过且过，得过且过。"

天气暖和时，寒号鸟的邻居喜鹊好心劝寒号鸟趁着天气暖和赶紧筑窝，寒号鸟却总推辞道："天气这么好，正好睡觉。"当晚上寒风吹来，寒号鸟又冻得直后悔："哆罗罗，哆罗罗，寒风冻死我，明天就垒窝。"最后，寒号鸟没能顶过寒冬，被活活冻死了。

寒号鸟的拖延，导致自己冻死在寒冬中，实在是可悲。

"明天开始"是寒号鸟的口头禅，在生活中，也有些人和寒号鸟一样抱着"明天开始"的思想拖延，他们总是认为自己的时间还很多，经得起折腾，可以无限制地拖延下去。

对于喜欢拖延的人来说，常把"或许""希望""但愿"作为心理支撑的系统。而所谓的"希望""但愿"在成功者眼中简直是童话故事，浪费时间的借口俯拾即是。无论你如何"希望"或是"但愿"，很显然，你只不过在为自己的拖延寻找借口罢了。

"我希望问题会得到解决。"

"但愿情况会好一些。"

"或许明天会比较顺利。"

事实上，情况会有所好转么？你只是给自己找到逃避痛苦的借口罢了。

你这是在欺骗自己，不要再煞费苦心地寻找拖延的理由了，要知道，生命对于我们而言总是有限的。

人人都想成功，为什么有些人总是错过成功的机会？

原因是行动被拖延偷走了。拖延是个专偷行动的"贼"，它在偷窃你的行动时，常常给你构筑一个"舒适区"，让你早上躺在床上不想起来，起床后什么也不想干，能拖到明天的事今天不做，能推给别人的事自己不干，不懂的事不想懂，不会做的事不想学。它让你的思想行动停留在这个"舒适区"里，对任何舒适以外的思想行动，都觉得不舒服、不习惯。

这个"贼"能偷走人的行动，同时也能偷走人的希望、人的健康、人的成功，它带给人的不良习惯和后果是积重难返的。比如，有的学生遇上难题没有及时问老师，后来问题越来越多，成绩越来越差；有的病人延误了看病的时间，给生命带来无法挽救的悲剧。

当你准备做一件事时，这个"贼"会对你说："明天再干吧！"这时，你要马上提醒自己："今天能做的事，决不能拖到明天。"古有云，明日复明日，明日何其多。所以，当你面临困难和挫折时，这个"贼"会找出许多理由让你停下来。这时，你要马上提醒自己："成功不会等待任何人。"

当别人埋头苦干时，这个"贼"会引诱你袖手旁观，吹毛求疵。这时，你要提醒自己："立即行动，马上动手，决不用评说别人来掩饰自己的无所作为。"

奥格·曼狄诺是美国一位成功的作家，他常常告诫自己："我要采取行动，我要采取行动！从今以后，我要一遍又一遍地、每一天都要重复说这句话，一直等到这句话成为像我的呼吸习惯一样，而跟在它后面的行动，要像我眨眼睛那种本能一样。有了这句话，我就能够实现我成功的每一个行动，有了这句话，我就能够制约我的精神，迎接失败者躲避的每一次挑战。"

拖延这个"贼"虽然能偷走行动，但是积极的行动能制服这个"贼"。最好是在这个"贼"没有把你的行动偷走之前，就采取行动逮住它！

❖ 合理分解拖延带来的压力

拖延是压力的根源，压力源于拖延，而拖延却危害我们的身心，同时拖延对我们的自信心是极大的打击。比如一些上班族，明明头很痛，但一想到完不成任务就可能被解雇，只好不停地给自己施压，这样在莫名的拖延与压力中越陷越深。

人们常常因为拖延时间而心生悔意，然而下一次又会惯性地拖延下去。几次三番之后，我们竟视这种恶习为平常之事，以致漠视了它对工作的危害。

无论是公司还是个人，没有在关键时刻及时做出决定或行动，而让事情拖延下去，都会给自身带来严重的伤害。有些人经常说："唉，这件事情很烦人，还有其他的事等着做，先做其他的事情吧。"总是奢望随着时间的流逝，难题会自动消失或有另外的人解决它，须知这不过是自欺欺人。不论他们用多少方法来逃避责任，该做的事，还是得做。而拖延则是一种相当累人的折磨，随着完成期限的迫近，工作的压力反而与日俱增，这只会让人觉得更加疲惫不堪。

不得不承认，我们工作中的很大一部分压力是来自拖延，拖延的原因有很多，也不是一时半刻就能解决掉的问题，所以，如何解压就显得尤为重要。如若不然，你很可能还没从拖延的泥沼中脱身，就被庞大的压力整垮了。

学会下面9招，可以变压力为动力，消压力于无形，进而改善拖延症。

第一步，精神超越——价值观和人生定位

自我的人生价值和角色定位、人生主要目标的设定等等。

简单地说，你准备做一个什么样的人，你的人生准备达成哪些目标。这些看似与具体压力无关的东西其实对我们的影响总是十分巨大，对很多压力的反思最后往往都要归结到这个方面。

第二步，心态调整——以积极乐观的心态拥抱压力

我们要认识到危机即是转机，遇到困难，产生压力，一方面可能是自己的能力不足，因此整个问题处理过程，就成为增强自己能力、发展成长重要的机会；另外也可能是环境或他人的因素，则可以理性沟通解决，如果无法解决，也可宽恕一切，尽量以正向乐观的态度去面对每一件事。

如同有人研究所谓乐观系数，也就是说一个人常保持正向乐观的心，处理问题时，他就会比一般人多出20%的机会得到满意的结果。因此正向乐观的态度不仅会平息由压力而带来的紊乱情绪，也较能使问题导向正面的结果。

第三步，理性反思——自我反省和压力日记

理性反思，积极进行自我对话和反省。

对于一个积极进取的人而言，面对压力时可以自问："如果没做成又如何？"这样的想法并非找借口，而是一种有效疏解压力的方式。但如果本身个性较容易趋向于逃避，则应该要求自己以较积极的态度面对压力，告诉自己，适度的压力能够帮助自我成长。

同时，记压力日记也是一种简单有效的理性反思方法。它可以帮助你确定是什么刺激引起了压力，通过检查你的日记，你可以发现你是怎么应对压力的。

第四步，提升能力——疏解压力最直接有效的方法是设法提升自身的能力

既然压力的来源是自身对事物的不熟悉、不确定感，或是对于目标的达成感到力不从心所致，那么，疏解压力最直接有效的方法，便是去了解、掌握状况，并且设法提升自身的能力。通过自学、参加培训等途径，一旦"会了""熟了""清楚了"，压力自然就会减少、消除。

可见压力并不是一件可怕的事，逃避之所以不能疏解压力，则是因为本身的能力并未提升，使得既有的压力依旧存在，强度也未减弱。

第五步，建立平衡——留出休整的空间，不要把工作上的压力带回家

我们要主动管理自己的情绪，注重业余生活，不要把工作上的压力带回家。留出休整的空间，与他人共享时光，交谈、倾诉、阅读、冥想、听音乐、处理家务、参与体力劳动都是获得内心安宁的好方法，选择适宜的运动，锻炼忍耐力、灵敏度或体力等，持之以恒地交替应用你喜爱的方式并建立理性的习惯，逐渐体会它对你身心的裨益。

第六步，加强沟通——不要试图一个人就把所有压力承担下来

平时要积极改善人际关系，特别是要加强与上级、同事及下属的沟通，要随时切记，压力过大时要寻求主管的协助，不要试图一个人就把所有压力承担下来。同时在压力到来时，还可采取主动寻求心理援助，如与家人朋友倾诉交流、进行心理咨询等方式来积极应对。

第七步，活在今天——集中你所有的智慧、热忱，把今天的工作做得尽善尽美

压力都有一个相同的特质，那就是突出表现在对明天的焦虑和担心。面对此问题，我们首要做的事情不是去观望遥远的未来，而是要着眼当下，只有把今天的工作做得尽善尽美，你才能展望未来。

第八步，生理调节——保持健康，学会放松

另外一个管理压力的方法集中在控制一些生理变化，如加强锻炼、充足睡眠、补充营养等方法来保持你的健康，可以使你增加精力和耐力，有抗压的效果。

第九步，日常减压

以下是帮助你在日常生活中减轻压力的10种具体方法，简单方便，经常运用可以起到很好的效果。

（1）早睡早起。在你的家人醒来前一小时起床，做好一天的准备工作。

（2）同你的家人和同事共同分享工作的快乐。

（3）工作中要适当地休息，从而可以使头脑清醒、提高工作效率。

（4）每天坚持锻炼身体。

（5）不要急切地、过多地表现自己。

（6）提醒自己任何事情都不可能做到完美。

（7）学会说"不"。

（8）生活中的顾虑不要太多。

（9）偶尔可听音乐放松自己。

（10）培养豁达的心胸。

❖ 5个步骤帮你摆脱拖延

拖延症一般将之前的事情放置明天，拖延者总是找到合理的借口来推脱即将要做的事情。

针对这两个心理特征，我们总结了5个步骤，让你摆脱拖延的借口。

认识：暴露那些你用来为非理性拖延的行为的借口

把你给自己找的拖延的理由，以及你向别人解释的拖延的理由都列举出来。

认识的练习

站在点A，如果要到点C，你会发现中间有点B这个要改变的拖延障碍。

走到A与C的裂隙中间，把障碍标出来。

比如明天的工作、抱怨的想法、情感的反抗等等。

那么，如何越过这些障碍到达点C。

请写出来。

把这些引发拖延的想法和意念慢慢重放出来，然后使这些想法和意念能够回忆、挑战和转变。

行动：学会如何去克服拖延

采取必要的行为步骤，在合理的时间里完成相关的行动计划，这样就可以不再拖延。

行动的练习

用系统组织的方法，比如在横格纸上记下你每天要做的事情，把它们列举出来并且排好顺序。每完成一个就在纸上划掉一个。这样既一项项地完成纸上的记录，又可以获得满足感。

采用启动的策略，像5分钟的方法，开始做一件事情，持续5分钟，在这段时间结束后退出，然后执行另外的5分钟计划，这样依次进行等。这种实际的技巧可以帮助一切开始运转起来。

采用蚕食的方法。即使是最复杂的事情也有一个简单的地方。从简单的地方开始，然后一点点地去做，直到完成。

融合：调整并适应立即行动的模式

通过对新的抵制拖延的想法和行为的测试，你可以对自己面临正常的和非正常的变化进行挑战。在这个过程中，你对自己认为不能克服拖延的想法进行挑战，然后改掉拖延的习惯。

融合的练习

有拖延习惯的人对挫折只有很低的忍耐力，然后是躲避由此带来的不适，这些都是造成拖延的基础。比如，当你决定打扫地下室的时候，你自我欺骗的声音在说你不想做，你感到劳累，你觉得紧张感在迅速增强。一般你把这种紧张作为回避的信号。但这次你改变了主意，你命令自己打扫地下室。在走向地下室和打扫的过程中自言自语。把欺骗命令的结果同立即行动的结果相对比。

融合练习的本质是承认拖延的习惯，并且承认个人的价值是停留在大脑中不同的层面上的。

接受：对不完美的宽容

在这一阶段，人们会逐渐接受这样的观点，他们的优良品质不会消失，即使是他们在拖延。但是他们能够用立即行动的能力来按时完成必要的任务。

接受的练习

3种想法可以帮助你建立对自我接受的认识。

认可在每一个人的思想里都存在着潜在的拖延意识。这种观点比起用同样的方式对人进行认识来说，更为容易，因为承认拖延是负面的判断。

拖延的指责，是典型的无意识地浪费时间和精力。认可的本质，是在你坚持拒绝把自己置于拖延的环境中时，承认把问题叠加在一起的紧张和压力。

拖延的人会荒谬地对其他的拖延者想出苛刻的对策，这种揭丑的表现反映了自我批评和抱怨的核心。

实现：坚持与扩大成果

实现是指立即去行动，而不是做无谓的耽搁。

这个过程包括：（1）对问题的理解；（2）行动的计划；（3）完成行动计划；（4）对新的自我理解、陪伴或者跟从的行动的适应；（5）接受个人在效率和效力上的差异，以及伴随而生有待改正的弱点和错误；（6）把立即行动的方法推广到相应的可以应用的场合。

由于你养成了实现最重要和最有建设性愿望的习惯，所以，你几乎不会有感到本该、可以和应该的遗憾。

实现的练习

在这一阶段，拖延的个人具有了相对一致的自我。他们会建立、推广和修改他们支持、加强和保持这种积极方向的能力。

设短期目标。

为自己定一个10分钟的目标，然后在接下来的10分钟内做一些会让你更接近目标的事情。假如10分钟的目标对你来说太艰巨，也可以设立5分钟或者3分钟的目标，并遵循同样的程序。任何程度的决心都会创造动力，而且一旦你下定决心采取行动时，那股动力便会鞭策你继续前行。只要持续行动，便有可能完成许多事情。

设定最后期限。

产品在促销时都会定一个最后期限，以此诱发客户立即行动。你也可以这么做，就是为自己设定一个人为的最后期限。

你不妨想象自己只剩1年的生命，将它化作激励你前进的动力。如果没有效果，就把时间缩短至6个月或者1个月。人们无法得知什么时候生命会结束，这样的不确定性让人们以为自己拥有无限的时间，但事实上生命相当短暂，应该把握今天，掌握当前，立即行动！

固定的行动时间。

选定一段固定的行动时间哪怕只是一个小时，把每一天或每个星期中的该段时间空下来，专注在达成目标上，其他什么事都不要做。

求助。

向信任的人寻求帮助。例如，要求好朋友经常询问你计划的进度，或者也可以要求你的爱人在你懈怠的时候温柔地提醒你继续行动。不过请避免与不相干的人过度讨论你的目标，因为只是过度讨论目标而不积极追求会动摇你的决心并延缓进度。

利用外在刺激。

偶尔可以尝试用含有正能量格言，能够产生一定的刺激作用，是我们用来将内心想法转换成具体行动的工具之一。

下面讲述的一些内在与外在的激励方法。可以帮助你跳出借口的桎梏，不为拖延找任何借口。

（1）尽量不去参与会使你受到指责或者抱怨的场合。

（2）把时间和精力安排得紧凑些，而不是拖时间。

（3）给自己更广泛的选择。

（4）采取有指导性的和自信的生活方式。

（5）体验提高自我效率的感觉。

（6）从你紧凑的、有目的、有组织的和创造性的努力中，奉献和获取增强的能力，把它展示出来。

❖ 抱怨会导致拖延加重

抱怨本身是一种正常的心理情绪，当一个人自以为受到不公正的待遇时，就会产生抱怨情绪，所以几乎在每个公司都能听到这样的声音：

"为什么老板总是让我干这样无足轻重的事情？"

"他们一点也不关心我，这算什么团队？"

"为什么又让我跟小文负责一个项目？还不如我一个人做。"

"什么时候老板才会想到给我加薪？"

抱怨的人无非是宣泄心中的不快和不满，并期望得到一个满意的回答，来改变自己的现状。

可实际上会怎样呢？非理性的抱怨会导致拖延症加重。

期望不合理导致失落。

有些人总是抱着不切实际的渴望，或者不能随着社会环境的发展变化而灵活适应，就会反复受挫、怨言不断。比如，一些老年人总是坚持过去的价值观和生活方式，不能学会欣赏并接受新事物、新变化，难免会有被社会遗忘的失落感。

缺乏自信和行动力导致一拖再拖。

抱怨别人是把过错推到别人头上，自己就仿佛没有责任了。不敢承认自己的缺点和失败，不愿承担改变和行动的责任的人，只能说明他缺乏自信和行动力。

　　你害怕面对问题本身，你害怕和别人有意义的交流。例如事业上的失败，你带头抱怨，你害怕遭到别人的质疑或嘲笑，于是，你告诉你的朋友，你不是没有努力，而是客观环境多么恶劣，好像这个行业不可能成功一样。但事实上并非如此，你失败的原因多半在于你自己本身，要么就是没有努力，要么就是没有找对方法。而那些听你抱怨的人呢，会根据你所说的频频点头，这样的结果让你满意："看，我就知道问题不在我，他们也都这么认为！"

　　当你面对一个难题的时候，你的逃避之心占了上风，你害怕不能战胜难题，你同样害怕自信心被伤害。于是，你又开始抱怨，想避开痛苦，你想通过抱怨削弱自己内心的恐惧。

　　例如，上司给了你一个策划书，让你在明天早上开会前准备好。这对你来说真是个不容易的事。你害怕准备不好而遭到上司的责备和同事的轻视，最后你自己都不论自己的能力。于是，在你开始行动之前，嘴里不禁又开始抱怨起来："老板真是不公平，让我在这么短的时间做这么难的事！""小李明明比我清闲，为什么不找她，真倒霉！"

　　恐惧的内心让你终日抱怨，于是，你意志消沉，你变得软弱，做事情只能一拖再拖。

❖ 懒惰在职场中是没有市场的

人们常常惊异于文艺家的创造性的才能，爱用"才"和"灵感"这样的术语，去解释作家的智力。其实，作家的智慧，虽然与观察、记忆、想象、美感能力有关，但是，影响作家成才的条件，并非都是智力作用的结果，一个最重要的因素就是勤奋。

高尔基说："天才就是劳动。"

海涅说："人们在那儿高谈着天气和灵感之类的东西，而我却像首饰匠打金锁链那样精心地劳动着，把一个个小环非常合适地连接起来。"

托马斯·爱迪生留下如此多伟大发明的同时，也留下了一句不朽的名言："勤劳是无可替代的。"

这些大师们的名言充分说明了勤劳对于成功的重要性。

1991年，王洛勇去百老汇看了《西贡小姐》。结束后，王洛勇内心有一种冲动，觉得自己能够演好剧中的主角皮条客Engineer，于是费尽周折，他见到了百老汇选演员的导演克利夫。

克利夫约他第二天去试戏。

第二天，王洛勇试唱了一段百老汇音乐剧《南太平洋》，他信心十足、抑扬顿挫。没想到克利夫打断了他的演唱，说《南太平洋》太抒情，不符合所要演的皮条客Engineer的角色。

第二次，王洛勇新选了一个曲目，再去试唱，结果又被拒绝。

王洛勇突然想出了一个破釜沉舟的决定。他决定辞去工作，从一个普通演员开始，一点一点走进美国的演艺圈，一点一点闯入百老汇。他相信，苦心人，天不负。

在美国唱音乐剧，首要的是一口流利、纯正的英语。有一位朋友为了校正他的发音，用红酒的软木塞给他做了一串像钥匙的东西，让他咬着软木塞发音。一次到海边玩，王洛勇发现坚硬的石头，他就试着把石头含在嘴里，这么一练，同样有效果。就这样，他天天含着石头练发音。

就这样，王洛勇屡败屡战，先后"闯荡"了8次。

1995年的某一天，王洛勇得到通知，百老汇请他去演《西贡小姐》的皮条客Engineer。这一天，王洛勇作为《西贡小姐》的主角，终于站在了梦寐以求的百老汇舞台上。

可见，只有勤奋才能做好工作，才能使人达到成功，而懒惰在职场中是没有市场的。

比如，曾国藩是中国历史上最有影响的人物之一。这样一个大人物，大家一定会以为他天生聪颖、智慧超群吧？其实不然。他小时候的天赋不但不高，甚至还可以说有点笨！

有一天在家读书，一篇文章曾国藩不知道背了多少遍，依然背不下来。这时候他家来了一个贼，潜伏在他的屋檐下，希望等读书人睡觉之后捞点好处。可是等啊等，就是不见他睡觉，还是翻来覆去地读那篇文章。贼人大怒，跳出来说："这种水平读什么书？"然后将那文章背诵一遍，扬长而去！

贼人是很聪明，至少比曾先生要聪明，但是他只能成为贼，而曾先生却成为毛泽东主席都钦佩的人："愚于近人，独服曾文正。"

"勤能补拙是良训，一分辛苦一分才。"那贼的记忆力真好，听过几遍的文章都能背下来，而且很勇敢，见别人不睡觉居然可以跳出来"大怒"，教训曾先生之后，还要背书，扬长而去，但是遗憾的是，他名不见经传。曾先生后来启用了一大批人才，按说这位贼人与曾先生有一面之交，大可去施展一二，可惜，他的天赋没有加上勤奋，变得不知所终。

所以，伟大的成功和辛勤的劳动是成正比的，有一分劳动就有一分收获，日积月累，从少到多，奇迹就可以创造出来。

美国政治家靳兵泉·克莱曾经说："遇到重要的事情，我不知道别人会有什么反应，但我每次都会全身心地投入其中，根本不会去注意身外的世界。在那个时候，时间、环境、周围的人，我都感觉不到他们的存在。"

原来是枯燥无味、毫无乐趣的职业，一旦投入了热情，一旦付之于勤奋，立刻会呈现出新的意义。

一个充满热忱的年轻人，他的感觉会因此变得敏锐，可以在别人看不到的地方发现动人的美丽，这样，即使是乏味的工作、再艰难的挑战，都可以承受下来。

不管你的工作是怎样的卑微，如果你对它付之以艺术家的精神，就会有十二分的勤奋。这样，你就可以从平庸卑微的境况中解脱出来，厌恶的感觉也自然会烟消云散。

❖ 有时候，80分就可以

某家出版社的老板计划出版一本大型统计资料集，由于他相当重视数据部分的视觉设计效果，所以除了编辑人员之外，另外还找来两位设计人员参与编辑工作。因为当时的电脑绘图技术尚未完备，设计人员是以一一描画数据的方式制作完稿的。这样的作业方式相当费工，因此花费了不少时间。

原本这老板认为，所要出版的是最新的资料集，所以内容繁杂也无所谓，只要能在6个月内完成就好。但是设计人员为求完美，要求10个月的制作期间，因为总编辑希望能制作出最完美无疏漏的作品。

一年后，完稿的部分只有八成左右，这案子出现了夭折的危机，而且他们整理的资料已经有别的出版社将其推出了。此时就算继续完成似乎也没什么意义，结果所投下的金钱和人力全付诸流水。

除了必须花费长时间进行编订的辞典之外，一般来说，出版工作应以时效性为大前提，其他行业也一样。在这个变化迅速的时代里，效率是决定事业是否成功的最重要条件。时间就是金钱。在所限定的期限内尽可能性要求工作表现得完美，可说是商业往来的原则。

不拖延主义者认为："工作的态度必须是一开始要求完美，但最后只需做到八成即可，剩下的两成则留待下次的工作完成。"

如果你仔细观察身边一些真正忙碌的人，将可发现他们多半是擅于运用机动力，以不拖延主义的态度积极努力的。

真正高效的人擅于运用机动力。要想同时活跃于许多舞台，就不能老是回顾已经完成的工作，对于不尽完美之处，应该以乐观的态度等待下次伺机改善。光是烦恼这样不好，那样不对，只会徒增压力，无法为下次的工作机会酝酿充分的干劲。

从另一种角度来看那种容易陷入深思或是坚持完美主义的人，这样的表现态度也刚好证明了他们有待提升的空间。

主张完美主义和天生动作迟缓的人，必须设法借由工作的磨炼慢慢克服自己慢动作的毛病，每日多处理期限性的工作，机动力也就自然会渐渐提高。

许多成功人士的处事原则是工作开始时一定要要求完美，但只要达到一定的水准便应该满足；就算遇到问题，只要能牢记在心，作为下次的参考即可，不需要过度在意。这种"80分就可以"的心态，也就是让自己熬过漫长艰苦工作的秘诀。

想要在这个充满压力的时代中活得轻松快活一些，试着让自己对有些事抱持着尚可的态度是非常重要的。

盲目地追求完美并不是好的方法，关键问题是要在保证工作质量的基础上拥有更高的工作效率。一个单子做得再完美，它也不会变成两个，只有想方设法签到更多的单子，工作效率才能提高，工作业绩才能上得去。所以不要在一些不必要的问题上花费太多的心思以追求所谓的完美。作为一名员工，永远要记住一条，那就是，公司追求的是效益，只有获得最大的效益才是最完美的结果。

行动心理学

❖ 不要做过于谨慎的"犹豫先生"

如果你希望别人对你有信心，那么，你就必须用令人信赖的方式表现自己。过度慎重而不敢尝试任何新的事物，对你的成就所造成的伤害，就像不经任何考虑就突发执行的后果一样严重。

比如，没游过泳的人站在水边，没跳过伞的人站在机舱门口，人处于不利境地时，会让自己越想越害怕。治疗恐惧的办法就是行动，毫不犹豫地去做。再聪明的人，也要有积极的行动。

有句箴言说，执行出错带来的危害远不如行事犹豫不决带来的危害大，静止不动的事物比运动中的事物更容易损坏。

有一个6岁的小男孩，一天在外面玩耍时，路经一棵大树，发现了一个鸟巢被风从树上吹掉在地，从里面滚出了一只嗷嗷待哺的小麻雀。

小男孩决定把它带回家喂养。

当他托着鸟巢走到家门口的时候，他突然想起妈妈不允许他在家里养小动物。于是，他轻轻地把小麻雀放在门口，急忙走进屋去请求妈妈，在他的哀求下妈妈终于破例答应了。小男孩兴奋地跑到门口，不料小麻雀已经不见了，他看见一只黑猫正在意犹未尽地舔着嘴巴。

小男孩为此伤心了很久，但从此他也记住了一个教训，只要是自己认定的事情，决不可优柔寡断。

这个小男孩长大后成就了一番事业，他就是华裔电脑名人——王安博士。

在生活中，思前想后、犹豫不决固然可以免去一些做错事的可能，但更大的可能是会失去更多成功的机遇。

在四川的偏远地区有两个和尚，一个贫穷，一个富裕。

有一天，穷和尚对富和尚说："我想到南海去，你看怎么样？"

富和尚说："我多年来就想租条船沿着长江而下，现在还没做到呢，你凭什么去？"

穷和尚回答："一个饭钵就足够了。"

第二年，穷和尚从南海归来，把去南海的事告诉富和尚，富和尚深感惭愧。

穷和尚与富和尚的故事说明了一个简单的道理，说一尺不如行一寸。没有果敢的行动，一切梦想都只能化作泡影。现实是此岸，理想是彼岸，中间隔着湍急的河流，行动则是架在河上的桥梁。

令人筋疲力尽的并不是事情的本身，而是思前想后患得患失的心态。一个失败者的最大特征就是顾虑重重、犹豫不决。

伟大的作家雨果说过："最擅长偷时间的小偷就是'迟疑'，它还会偷去你口袋中的'金钱'和'成功'。"诚然，我们没有100%的把握保证每一次决定都能获得成功，但是现实的情况就是等待不如决断。所以，在机会转瞬即逝的当代社会，等待就意味着"放弃"，成功者宁愿"立即失败"，也不愿犹豫不决。

所以，获得成功的最有效的办法，是排除一切干扰因素迅速做出该怎么做一件事的决定。而且一旦做出决定，就不要再继续犹豫不决，以免决定受到影响。有的时候犹豫就意味着失去。

古罗马有一位哲学家，饱读经书、富有才情，有很多女子迷恋他。

一天，有一个女子来敲他的门，说："让我做你的妻子吧！错过我，你将再也找不到比我更爱你的女人了！"哲学家虽然也喜欢她，却回答说："让我考虑考虑！"哲学家犹豫了很久，终于下决心要娶那位女子为妻。

哲学家来到女人的家中，问女人的父亲："请问您的女儿在吗？请您转告她，我考虑清楚了，我决定娶她为妻！"那个女人的父亲回答说："你来晚了10年，我女儿现在已经是3个孩子的妈了！"

哲学家听了，几乎崩溃。后来，哲学家忧患成疾，临终，他将自己所有的著作丢入火堆，只留下一句对人生的批注："下一次，我决不犹豫！"

所以，面对选择，一定要迅速做出决断，哪怕做出错误的选择也好过犹犹豫豫。因为，机会一旦错过了，是不会再有的。

人生的道路上，机会都是转瞬即逝的。机会不会等人，如果你犹豫不决，很可能会错失可以成功的机遇。放眼古今中外，能成大事者都是当机立断之人，他们能够快速做出决定，并迅速执行。

在确定圣彼得堡和莫斯科之间的铁路线时，总工程师尼古拉斯拿出了一把尺子，在起点和终点之间画了一条直线，然后斩钉截铁地宣布："你们必须这样铺设铁路。"于是，铁路线就这样确定了。

综观历史，成功者比别人果断，比别人迅速，较别人敢于冒险。因此，他们能把握更多的机会，所以往往成为成功者。实际上，一个人如果总是优柔寡断、犹豫不决，或者总在毫无意义地思考自己的选择，一旦有了新的情况就轻易改变自己的决定，这样的人多数是成就不了任何事的，只能羡慕别人的成功，在后悔中度过一生！

第八章

❖

别让优柔寡断害了你

——正确的选择，比无效的努力更重要

❖ 让青春学会选择，让选择打造成功

回首往事，大多数人总是感叹"如果有下次，我一定……"这个时候，你抱怨的其实并不是命运，而是你当初的选择。假如你当初是另一种选择，也许你还会对现状不满、感觉不尽如人意。

人的一生，选择很重要。生命的旅途中，一些不起眼、不经意的选择就决定了你今天的命运。

在大学里，期中考试后的一天，班里的一个同学因为各门功课都考得一塌糊涂，所以忧心忡忡，在哲学课上无精打采。他的异常引起了哲学教授的注意，教授拿起一张纸扔到地上，请他回答："这张纸有几种命运?"

那位同学一时愣住，好一会儿，他才回答："扔到地上就变成了一张废纸，这就是它的命运。"教授并不满意他的回答，并当着大家的面在那张纸上踩了几脚，接着，教授又捡起那张纸，把它撕成两半扔在地上，然后，心平气和地请那位同学再一次回答同样的问题。那位同学也被弄糊涂了，他红着脸回答："这下纯粹变成了一张废纸。"

这时候，教授捡起撕成两半的纸，很快，就在上面画了一匹奔腾的骏马，而纸上的脚印恰到好处地变成了骏马蹄下的原野。最后教授举起画问那位同学："现在，请你回答这张纸的命运是什么?"那位同学恍然大悟

地，回答道："您给一张废纸赋予希望，使它有了价值。"教授脸上露出一丝笑容。

最后教授说："一张废纸如何变得有价值，在于我们对它的选择。我们以消极的态度去看待它，就会使它变得一文不值。我们使纸片遭受更多的厄运，它的价值就会更小。但如果我们换一种方式去改变它的命运，赋予废纸新的希望，它就会变得有价值。一张纸片是这样，一个人也一样啊。"

一张纸片尚且有多种命运，更何况人类呢？有人说："我们老得太快，却聪明得太迟。"命运如同掌纹，弯弯曲曲，然而，无论它怎样变化，永远都掌握在自己的手中。

有一个美国人，脾气非常暴躁，平时不仅酗酒，还吸毒。有一次他因为看不惯一个酒吧的服务生，就把人给杀了，因故意杀人的罪行被判死刑。这个美国人有两个儿子，老大跟他的父亲一样，毒瘾很重，靠抢劫和偷窃为生，最后被抓捕判终身监禁。而老二不仅家庭非常幸福美满，还有漂亮的妻子和三四个孩子，是一家跨国公司分公司的老总。

同一个父亲，两个儿子的生活却截然不同，记者采访他们的时候问出心中的疑惑："为什么会这样？"他们的回答令人惊讶。因为两个人的回答完全一样："有这样的父亲，我还有什么办法？"

因为没有办法，这两个孩子不得不做出人生的选择，一人选择不变，而另一个选择了改变。成功是选择的结果，堕落也是选择的结果。每个人的前途与命运，都掌握在自己的手中。

有人说："人生就是一连串的抉择，每个人的前途与命运，完全把握在自己手中，只要努力，终会有所成。"

选择生存是每一种生物体所具有的本能，连埋在地里的种子也存在这样的力量。正是这种力量激发它破土而出，推动它向上生长，并向世界展示自己的美丽与芬芳。这种激励也存在于人们的体内，它推动一个人来完善自我，以追求完美的人生。一旦你有幸接受这种伟大推动力的引导和驱使，你的人生就会成长、开花、结果。反之，如果你无视这种力量的存在，或者只是偶尔接受这种力量的引导，就只能使自己变得微不足道，不会取得任何成就。这种内在的推动力从不允许人们停息，它总是激励着每一个为了更加美好的明天而努力的人。

人的一生中要面临的十字路口有很多，每一条路的尽头都是我们未知的结果，所以，一定要根据自身的价值取向，朝准一个方向，勇敢地迈出自己的第一步，让青春学会选择，让选择打造成功，让成功引领人生。

❖ 对第一份工作的选择绝对不能马虎

虽然就业形势日趋严峻，但对第一份工的选择绝对不能马虎。一个即将要踏上社会的毕业生就像一张白纸，质朴单纯；随着社会阅历的增长，这张"白纸"会被染上不同的色彩，而第一份工作的经历无疑为这些色彩定下了基调。

一份心理学调查显示："如果一个人对某份工作满意，他能发挥其全部才能的80%~90%，并且能长时间保持高效率而不疲倦；相反，如果他对工作不满意，则只能发挥全部才能的20%~30%，还容易产生厌倦。"

可见，对一份工作的主观评价，决定了你是否能将它做好，更关系到今后的职业发展。

企业的经营理念、行事原则会逐渐渗入到人的意识理念中，企业文化的熏陶作用也会日益增大。第一份工作不但影响毕业生的态度和行为，而且会影响到以后对待其他工作的心态。因此，第一份工作除了考虑职位、薪酬等外在条件，还有更重要的，就是企业是否具有正确深远的发展理念。这些也许目前不能带来明显的利益，但是却深刻影响到人生的发展。

第一份工作的成败，还会影响到一个人的自信心。对于大多数毕业生来说，怀着对发展前景的期待，往往会对第一份工作付出相当的心血，一旦发现这种努力并不能给自己带来更进一步的发展，工作热情便会大大下降，自信心也会因此受到打击。

所以，第一份工作的选择，必须注重是否能提升素质、加强能力的培养，是否有足够的学习机会为自己充电。成功未必赢在第一步，但第一步就赢往往更容易成功。无论第一份工作是你心仪的是差强人意的或是你特别心不甘情不愿的，你都得善待这份工作，因为，对于初入社会的你来说，第一份工作极有可能影响你的一生。

著名主持人王小丫回顾自己的第一份工作时深有感触地说："找到第一份工作时，千万不要寄予过高的期望，但是要学会坚持。这么多年的工作经历，我的切身感受是，如果你拥有一份工作，真的很好；如果你拥有一份工作，而且还很喜欢，那你已经很幸运了；如果你拥有一份工作，它又能让你生存，而且又是你所喜欢的，那你已经很幸福了。"

如果你有幸进入了一家心仪的企业，你的情绪往往会满怀憧憬、表现欲强、工作热情高涨。并在积极心态的推动下，你在工作中会把挑战转化为动力，较出色地完成任务。

这里要提醒的是，在一头扎入工作的同时，请放慢节奏，做好3项功课。

（1）熟悉公司内部的组织结构。

包括公司有哪些部门，各个部门的职能、运作方式如何，自己所在部门在公司中的功能和地位，所在部门内同事的头衔和级别，公司的晋升机制等。对公司整体框架有了概念，你就能初步明确自己在公司的发展前景，不至于只顾埋头工作而忽略了发展方向，能将被动地接受调动、工作委派和晋升变成主动争取和计划。

（2）了解公司在行业内的地位。

做完了第一项功课，你就该将眼光放得更远，关注公司的战略发展，比如公司是否属于行业内的领跑者，是不是面临内忧外患、业绩正在下滑等。这样你就能知道公司在行业内有哪些发展机会，自己能和公司一起走多远，你的3~5年计划也就有了雏形。

（3）了解行业的发展状况。

你需要对行业进行宏观分析：该行业是朝阳产业，还是夕阳行业？这样你就能知道几年后自己积累的工作经验，对职业发展有什么帮助。如果你转入相关行业，还需要补充哪些技能，或自己可对哪些领域进行研究、谋求发展。你可以在工作中不断关注行业评论，听取前辈们的观点，渐渐地深化认识。

把3项功课做好了，工作起来才能有的放矢，更有计划性和目的性，否则进入公司半年后还是懵懵懂懂，工作状态就会呈一条明显的"抛物线"：从积极主动到热情消失，到满意度下滑，最后盲目跳槽。

假设你的第一份工作有些差强人意。

大多数二十几岁的青年，虽然怀抱美好愿望，但是最终还是迫于社会和生活的压力，进入一个比上不足比下有余的公司。因为心存不甘，所以在进入公司初期，看到的缺点往往比优点多，从而形成懈怠、消极的心态。在这样的心态作用下，新人容易将工作仅仅看成谋生的工具，因此更多地关注报酬、待遇，上班只做好分内事、不主动加班，工作缺乏成就感等。工作一段时间后，如果薪酬没有达到期望值，或者人际关系出现困难，都会产生盲目跳槽的念头。对此，专家给出两点建议。

（1）端正态度，积极学习。

麻雀虽小，五脏俱全，即使公司在规模、盈利和薪酬等各方面都不算最好，但是对于新人来说，有足够的东西可以学习是最宝贵的。工作技能、企业规章制度、企业管理、上岗培训的知识积累等，都是职场生存的重要基础。

（2）关注职业机会。

做好本职工作、积累职场经验的同时，你还可以积极为下一份工作做准备。比如了解心仪职业的职业定义和应该具备的职业技能、核心竞争力，利用空余时间提升自我。

目前，有不少企业对大学毕业生望而却步，很大原因在于，不少毕业生频频跳槽，给企业带来了不好印象。理想和现实的落差，常常让毕业生在对待第一份工作时心情慵懒、得过且过，对工作敷衍了事，或者整天想着跳槽。其实，这样对待你的第一份工作，不但于事无补，反而会让你的境况越来越差。因此，你需要改变你的态度。

首先，不要轻易决定第一份工作。

一般来说，新人的第一次职场体验是相当重要的，它会影响到今后的职业心态和职业规划。因此，若是为了在毕业前找到一份工作，或者迫于其他同学签约带来的压力而草率接受一份自己并不满意的工作，都是不正确的。

其次，调整心态，认识自我。

首先应该剖析自身的缺点，而不是抱怨这份看似很差的工作。如果经过努力你仍然无法像其他同学那样找到满意的工作，说明你的职业竞争力偏弱，在专业知识、团队合作和沟通能力等方面可能有所欠缺。因此，你关注的重点不应该是所在公司有多差、有多小，而是应该看到自己的弱点。这时，你需要接受目前所在的公司，并从中学习一些专业的技能，提升自身的能力。请你从上班第一天开始，锻炼自己各方面的能力，取长补短，为下一份工作积极做好准备。

❖ 做擅长的事，你会先人一步

美国著名行为学家杰克·豪尔在题为《从自己的专长着手打造成功》的报告中，非常明确地指出："人与人之间的竞争，不是聪明与不聪明的比赛，而是不同专长的比较，或者说各自在专长方面显示的能力如何，成功者都是因为在专长上充分施展了自己的优势。如果一个人能在自己的专长上发挥了60%的话，那么他就可以获取成功了。"

我们在就业之前，要对自己有一个清醒的认识，认清自己的优点、缺点、长处、短处。首先要从客观实际出发，估计一下自己能否胜任某项职业的要求，扬长避短，而不是一窝蜂地冲向最热门的行业。

2006年，《鲁豫有约》节目采访中，在百度内部的李彦宏（Robin）第一次在公开场合谈起了自己的"成功秘诀"。

20年来，Robin一直在用自己的行动实践着这句话："人一定要做自己喜欢并专业的事情，不要离开自己喜欢的行业半步。"

百度2005年上市后，就不断有人来劝他："百度有钱了，应该涉足网络游戏，多个赚钱的业务。"那时网游在中国已经非常热了，国内的互联网企业纷纷投向网游运营商的行列。然而Robin的回答始终是"不"，理由很简单，这不是百度所擅长的。

2007年，中国一家门户网站自主研发的在线游戏收入达到上千万美元，在纳斯达克一石激起千层浪，一条清晰的坐拥用户群就可以赚到丰厚回报的赢利模式出现在大家眼前，这个行业更热了，业界的大公司纷纷把网游定为战略级产品部署重兵。

这天，有人拿着一组数据翔实的调研报告来找Robin："从百度社区的用户来看，其中很多人都是网络游戏的玩家，他们每天花在网络游戏上的时间比搜索和社区的都长，既然用户有这方面的需求，我们是不是可以着手尝试涉足网游，让他们在百度平台上得到满足？"

Robin仔细地看完数据，平静地反问："数据确实证明了需求，但是我们做网游的优势又在哪里？"

"我们有这些用户啊，其他这些网站也都谈不上什么优势，只要有用户、有需求，就可以运营起来了。"

Robin缓慢地摇了摇头，坦白地说："刚回国的时候我就已看到了中国网民对网络游戏的热情高于其他任何国家的特殊形势，但我自己从来不玩网游，很长时间都搞不懂网游。我想，对于这种自己都不喜欢，更不擅长的事，即使商业机会摆在那儿，我也肯定做不过真正喜欢它的人，所以我选择了搜索。今天你让我选，我还是会这样选。"

"这个行业的利润比我们做搜索高多了！我们有这么充足的用户需求，不做，太可惜了。"

Robin想了想说："那么，我们可以尝试通过合作的方式，为网游厂商提供一个推广平台，让真正喜欢的人来做他们擅长的事，我们只在里边起间接作用吧。"于是，作为推广方式的第一步，百度游戏频道诞生了。业界很多人分析百度要进入网游领域分一杯羹，分析师们也总是不停地探问，百度什么时候开始进入网游行业？而Robin从不为之所动，他的回答是明确的："暂时没有这个打算。"

在2003年到2004年好多人劝百度投入SP（移动互联网服务内容应用服务的直接提供者）业务"捞钱"时，Robin都以"这不是百度擅长的事"为由拒绝了。正是这样的取舍，使百度能够专注于自己喜欢且擅长的搜索领域，才取得了今天的市场领先地位。

以下提供几项建议，以便你在选择自己擅长的工作时作为参考之用。

第一，阅读并研究有关职业选择的建议，这些建议必须是由最权威人士提供的，但你不要听信那些说"我们可以给你做几项测验，然后指出你该选择哪一种职业"的人。

这种人的做法已经违背了职业辅导员的基本原则，他们没有考虑被辅导人的健康、社会、经济等各种情况，也没有提供就业机会的具体资料，是毫无科学根据的。

第二，避免选择那些早已热门得不得了的职业。

在美国，谋生的方法共有两万多种，但是许多年轻人都不太了解这一点。结果呢？在一所学校内，三分之二的学生选择了5种职业，也就是两万多种职业当中的5项。难怪总有少数的职业会人满为患，难怪白领阶层会产生不安全感和忧虑。尤其是，比较热门的专业，如法律、新闻、广播、电影等，这些专业的人，有很多都面临着失业的风险。

第三，避免选择那些工作机会只有十分之一的行业。如推销人寿保险。每年有数以千计的人事先未打听清楚，就贸然从事推销保险的工作。

第四，在你决定投入某一项职业之前，先花几个礼拜的时间，对该项工作做个全盘性的了解。

如何才能达到这个目的？你可以和那些已在这一行业中从事10年、20年或30年的人士谈谈，这些会谈对你的将来可能有极深的影响。

记住，你是要做出你生命中最重要且影响最深远的两项决定（事业与婚姻）中的一项。因此，在你采取行动之前，应该多花点时间探求职业的真面目。如果你不这样做，接下来的时间，你很有可能活在后悔之中。

另外，还得克服"你只适合一项职业"的错误观念。每个正常的人，都可以在多项职业上造就成功，相对地，每个正常的人，也可能在多项职业中成为失败者。以卡耐基为例，如果以他自己自修并准备从事下述各项职业，他相信，成功的概率一定很高，对于所从事的工作，也一定能深感愉快。这一类工作包括农艺、果树栽培、农业科学、医药、销售、广告、报纸编辑、教育、林业。另一方面，卡耐基相信下述的工作，他一定不喜欢，而且也会失败，包括簿记、会计、工程、经营旅馆和工厂、建筑、机械以及其他数百项活动。

事实证明，你在职业选择应注意的事项中，不管有怎样的规定，都以选择自己喜欢、擅长的事为基准。

◈ 放弃是选择的跨越

人生中总是有许多十字路口，这些路口总是让人们徘徊不定、犹豫不决，因为选择一条路的同时就意味着要放弃其他的路，这个选择的过程对于很多人来说都很无奈。然而，人生就是这样，你必须要学会舍弃一些东西来成全另一些东西。假如你事事都想拥有，最终的结果往往是什么也得不到。比如，总是感觉自己时间不够用的人，其实就是犯了"贪婪"的错误。

贪婪是做人的大忌，做事情同样也是如此。一个人的时间是有限的，有限的时间自然不能做无限的事情，只有学会放弃，才是明智之举。

人生如演戏，每个人都是自己的导演，只有学会选择和懂得放弃的人，才能创作出精彩的电影，拥有海阔天空的人生境界。不要再不断地抱怨自己的生活太忙碌，因为在那么多忙碌的事情中，总有几件事情是可以放弃的。如果你还在为那些蝇头小利而舍不得放弃，那么你的一生也注定会碌碌无为。

1957年，松下毅然放弃了研究长达5年的大型计算机项目。

这个消息的传出令人十分震惊，因为当时松下已经对此投资了约15亿日元，而他们的两台样机经过试用十分先进，很快就能大规模投入生产，推向市场。那么，松下为何放弃这样一个已经接近成功的项目呢？

在松下放弃这项研究前，美国大通银行的副总裁曾到松下进行访问，谈话中不知不觉就把话题转到电子计算机上。当副总裁听到日本目前包括松下在内，共有7家公司生产电子计算机时，吓了一跳。

副总裁说："在我们银行贷款的客户当中，大部分电子计算机部门的经营似乎都不顺利，而且他们之所以能够生存下去完全是依靠其他部门的财力支持，几乎所有的计算机部门都发生了赤字。就拿美国的现状来说，除了IBM公司以外，其他的公司都在慢慢紧缩对计算机的投入。而日本竟然有7家这样的公司，未免太多了一点。"

大通银行的副总裁走后，松下对副总裁给的消息进行了仔细的考虑，最后得到的结论是：从大型电子计算机方面撤退。因为松下的大型计算机项目在接下来的科研、生产以及市场推广还需要投入近300亿日元，如果放弃，虽然损失15亿，但这个决定却可以避免300亿的损失。这个决定不但使松下更加专注于对电器和通讯事业的发展，而且使松下慢慢成为电器王国的领头军。

松下的"果断放弃"令人感到敬佩不已，它的举动也为人们树立了一个很好的榜样。人生苦短，能成大事者，贵在目标与行为的选择。如果事无巨细、事必躬亲，必然会陷入忙忙碌碌之中，而成为碌碌无为的人。

能审时度势、扬长避短、把握时机地放弃，不仅是一种理性的表现，同时也不失为一种豁达之举。

无论做什么事，都不可缺乏在专业上的一技之长。眉毛胡子一把抓——样样精通，样样稀松，反而使自己无所成就。因为这样的人忘记了"不怕千招会，就怕一招绝"的秘笈。

古训说得好："欲多则心散，心散则志衰，志衰则思不达"。人的精力毕竟有限，往往穷尽全力也难以掘得真金。世界上最大的浪费，就是把宝贵的精力无谓地分散在许多事情上，而"有所不为"就是为了更加专注。

在有限的生命中，人们才能够理智地做出选择，是十分难得的，这需要人们保持一颗淡然和超然之心。选择是人生成功道路上的航标，只有量力而行地睿智选择，才能拥有更加辉煌的成功。

很多人都在选择，选择自己想要的，选择适合自己的，选择自己喜欢的，却很少人去学习如何放弃。

其实，从某种程度上来说，选择的同时也是在放弃，而放弃的瞬间也是在做着选择，两者是互为相通的。

关键就在于，你会用怎样的心境看待它们，生活的本质就在于此。放弃是选择的跨越，只有学会了放弃，才会拥有一份成熟，只有学会了放弃，才会让自己多出一份稳重。

❖ 谋定而后动，问题越多越要冷静

　　成长应该是让自己的心智慢慢成熟，戒除幼稚和冲动。"三思而后行，谋定而后动"是克服冲动的最佳良药，是古代先贤留下的不朽名言。

　　三思而后行，思考的是问题的根源和起因。问题发生后，就需要知道发生问题的根源是什么，导致问题的诱因是什么。只有当这些问题的正确答案都找到后，才能考虑解决的方法。

　　之所以要三思，是因为问题的发生是很多原因导致的，其背景是复杂的，单凭直觉很难得出正确结论，往往需要一段时间的分析归纳或者调查研究，才能理出头绪。而且也有被人制造假象或有人提供虚假线索的可能，一不小心就有误入歧途的危险。所以，思维必须要精细缜密。思考一遍还不够，还需要检查一遍，然后在行动之前还要复查一遍，确保行动万无一失。

　　三思以后，在解决问题的方案上，还要再考虑，这就是"谋定而后动"的道理。谋就是制订计划，制定方略，即确定解决问题的方针和策略。只有行动方针确定了，才能采取行动。这种行动方针是思考的产物，而不是那种凭本能冲动想到的。谋略思考是为了寻找合适的方案。本能冲动型的人总是只想到一种行动，只考虑解决面上的问题，对后续行动和影响却不考虑。仔细考虑对策后，就有可能既把问题解决，又避免出现副作用。这样才能使问题得到圆满的解决。

　　谋定而后动就需要在发生问题时沉着冷静，不急于立即采取行动，而是先静下心来想一想。心急的人往往会不耐烦地催促赶快采取行动，因为他们总是担心时间紧急，再不采取行动就来不及了，其实，越忙就越容易出差错。如果事先没有考虑好，路子没走对，反而会耽误时间。所以，中国古代有句俗话，叫"磨刀不误砍柴工"。先把刀磨快了，看起来耽误了工夫，但是在砍的时候由于刀口锋利、效率高，反而节省了工夫。也像出门开车，事先把地图看好了，顺着标志一路开去，就可以不绕弯路，节省时间。如果慌忙上路，看起来节省了看地图的时间，但是一旦走错了路，可能就会浪费比看地图长很多倍的时间。

　　我们不可能一条条地找，然后才发现最短的路。如果事先花时间研究，问清路线，就可以免去在路上摸索的时间，这样一出发就能踏上最佳的路线。解决问题也是这样，一个问题可能会有许多解决方案，但是有的方案是不好的，有的方案则可以省时省事，而且其中肯定有一个最佳方案。而谋定就是要找到最佳方案。

　　所以，凡是冲动型的人，一定要认识到自己莽撞行事往往会带来更多更大的麻烦。要时刻记住这样的话："在任何处境下都保持从容理性的风度。心存制约，遇事三思，留有余地。"让自己成为有勇有谋的人。

　　阿爸带着3个儿子去草原打猎。4人来到草原上，这时阿爸向3个儿子提出了一个问题。

　　"你们看到了什么呢？"

　　老大回答说："我看到了我们手中的猎枪，在草原上奔跑的野兔，还有一望无际的草原。"

　　阿爸摇摇头说："不对。"

　　老二回答说："我看到了阿爸、哥哥、弟弟、猎枪、野兔，还有茫茫无际的草原。"

阿爸又摇摇头说："不对。"

老三回答说："我只看到了野兔。"

阿爸说："你答对了。"

一个能顺利捕获猎物的猎人会只瞄准自己的目标。我们有时之所以不成功，是因为看得太多、想得太多，禁不住太多的诱惑，失去了自己的目标和方向。一个人只有专注于自己真正想要的东西，才更有可能得到它。

人人都渴望成功，但是大部分人都是希望自己成功，而不是一定要成功。"不成功做个普通人也不错。"有这样的想法，自然成功的动机不是特别强烈。因此，倘若碰到什么需要付出代价的事情时，就退而求其次了，或者干脆放弃。而成功者之所以成功，是因为他们发誓一定要成功。真正地追求成功，就要摆正心态，以坚实的精神力量作支撑。

一个商人需要一个小伙计，他在商店里的窗户上贴了一张独特的广告："招聘：一个能自我克制的男士。每星期4美元，合适者可以拿6美元。""自我克制"这个条件在城市里引起了议论，不仅引起了小伙子们的思考，也引起了父母们的思考。自然也引来了众多求职者。

每个求职者都要经过一个特别的考试。

"能阅读吗？小伙子。"

"能，先生。"

"你能读一读这一段吗？"商人把一张报纸放在小伙子的面前。

"可以，先生。"

"你能一刻不停顿地朗读吗？"

"可以，先生。"

"很好，跟我来。"商人把小伙子带到个人的办公室，然后把这张报纸送到小伙子手上，上面印着他要求小伙子不能停顿地读完的那一段文字。阅读刚一开始，商人就放出6只可爱的小狗，小狗跑到小伙子的脚边，小伙子经受不住诱惑要看看可爱的小狗。小伙子由于被小狗分散了注意力，他忘记了自己的角色，读错了，当然他失去了这次机会。

就这样，商人打发了70多个人。终于，有个年轻人不受诱惑一口气读完了。

商人很高兴。

商人问："你在读书的时候没有注意到你脚边的小狗吗？"

年轻人回答道："对，先生。"

"我想你应该知道它们的存在，对吗？"

"对，先生。"

"那么，为什么你不看一看它们？"

"因为你告诉过我要不能停顿地读完这一段。"

"你总是遵守你的诺言吗？"

"的确是，我总是努力地去做，先生。"

商人高兴地对年轻人说："你就是我要的人。明早7点钟来上班，你每周的工资是6美元。我相信你有很大的发展前途。"而年轻人最终发展得确如商人所说，成就了一番事业。

克制自己是成功的基本要素之一，当你有众多选择时更要深思熟虑，紧紧盯住你的目标。太多的人会因某种喜好或某种诱惑，而不能把自己的精力完全投入到工作中，完成自己伟大的使命。这可以解释为成功者和失败者之间的区别。

❖ 心动不如行动

人类进化成为最高级的动物，并且其以独特的方式宣告："我可以独立行走了。"正是因为这样，行动力才被更好地执行，以至发挥到了极点。而人类进化的几千年以来，行动力一直是人类适应地球的本能。

在今天这个全球一体化的经济时代里，行动力又有了另外的一种诠释，是人与环境互动的一种结果。所以行动力的执行程度，成了人是否走向成功的标尺。

梅丹理是一位名校的毕业生，无论是在学业上还是在家庭背景上，他都占据着优势。毕业后，他并没有像其他同学那样到大公司或是自己家族企业里上班，而是选择了一家不太知名的小广告公司。这让很多人无法理解，但梅丹理却对朋友们说道："是金子总会发光，不管做什么事情，都要对自己有信心，因为没有什么是不可能的，只要你行动了。"

梅丹理对事业是充满信心的，他刚应聘广告销售员这个职业的时候，对于这个职业还一无所知，老板告诉他："业务员就是把想象赋予行动，把幻想变成现实的职业。"

于是，梅丹理开始着手工作，他列出一份名单，准备去拜访这些很特别的客户。公司里的其他业务员都认为那些客户是不可能和他们合作的，但梅丹理执意要去试一试。

梅丹理怀着坚定的信心去拜访这些客户。然而，令所有人都想不到的是，两天之内，他和18位"不可能的"客户中的3个谈成了交易。一个月后18个客户中，只有一个还没有同意合作。当然，梅丹理是不会轻易放弃最开始决定的计划的，行动会一直持续到成功为止。所以，梅丹理决定继续拜访那位顾客，直到成功为止。

两个月以来，梅丹理每天早晨都到拒绝与他合作的客户那去报到，只要他的商店一开门，梅丹理就进去试图说服那位商人做广告，而每天早晨，这位商人都回答说："不！"可是每当这位商人说"不"时，梅丹理都假装没听到一样，然后继续前去拜访。到了这个月的最后一天，已经连续对梅丹理说了30天"不"的商人说："年轻人，你已经浪费了一个月的时间来请求我买你的广告，我现在想知道的是，你为何要坚持这样做？"

梅丹理说："我并没有浪费时间，这段时间我其实也是在学习，而您就是我的老师，我一直在训练自己在逆境中坚持的精神。"那位商人点点头，接着梅丹理的话说："我也必须向你承认，这一个月来我也一直在学习，而你就是我的老师。你已经教会了我坚持到底这个道理，对我来说，这比金钱更有价值，为了表示我对你的感激，我决定买你的一个版面广告，当作我付给你的学费。"

梅丹理凭借自己坚韧不拔的精神和实际行动，终于打动了客户，为自己赢得了机会。

梅丹理用实际行动把"不可能"的事情变成有可能，原因在于他敢于行动，才把许多人认为不可能的变成了可能。

行动的力量是巨大的，有时候它可以把人们一贯认为的"不可能"变成可能。你可能听过这样的一句话："心动不如行动。"行动是成功的必经之路，假如你连行动的前提都没有，那就更谈不上成功了。不管是什么样的道路，都要有一个开始，行动就是赋予成功的那个开始。

不要认为别人都不去做的事情就是不可能做到的事情。别人连行动的机会都没有给予某一件事，我们又何以判定那件事自己做不到呢？所以行动是成功的实验室，是否成功都要去行动过后才能得出结果。只有一次次实际的行动，才能证明哪条路才是你要走的，也只有这样，成功才会属于你。

当你迈出第一步的时候，你的行动就是你的成功宣言。成败与否让行动去定夺吧！

减压练习：不良情绪的自我调节

1.当你情绪激动时，别忘了做个深呼吸。

人们在情绪激动时，容易出现胸闷、呼吸困难的现象，或在心情不愉快时大脑紊乱，想法较多，此时体内的血液运输系统处于呆滞状态，身体极度缺氧，所以，通过加深呼吸即深呼吸，可以增加外界氧气的供给量，提高肌体的运输功能，有效地解除胸闷，达到调节心情的功效，此种方法简单易行，运用于我们日常繁杂工作的每一个角落。

2.当你觉得不愉快的情绪涌上心头时，你不妨将精力转移到那些与这种情绪完全相反的方面上。

当你心情压抑、沉重时，千万别一个人躺在床上或待坐在屋内，你可以让外面优美的风光陶冶你的性情，让开阔的视野排除心头抑郁。事实证明，改变或脱离不利环境，可以使你从不良的情绪中及时地解脱出来。

3.当你受到刺激，遭遇打击，千万不要把这些负面情绪压抑在心头，要想方设法把它发泄出来。

你可以找个合适的场合，以合适的方法发泄一通，以达到排解消极情绪的目的。比如，当你的心情压抑时，你可以去踢足球，将火"发"在它们身上；当你被别人误解而又没有机会解释时，你可以将事情的来龙去脉、前因后果写在日记本上，从"倾诉"中得到慰藉。

4.当你感到沮丧、气馁、悲观失望的时候，最好不要怨恨自己、数落自己、责怪自己。

你要相信自己是可以和别人一样获得事业的成功，得到生活的幸福。你必须坚信，不管发生什么，你仍将是幸福的、快乐的。

5.当一些不愉快的往事萦绕你的心际，使你难以解脱时，你不妨像清理家里无用的杂物一样，将头脑中这些记忆垃圾清除出去。

清除办法就是忘记它，彻底抹去这些记忆。这是一种有效控制情绪的好方法，是一种自我保护机制。如果我们将这些不愉快的事从心里清除出去后，我们就会觉得心里十分轻松。

6.自我安慰是改变个人不良情绪的重要方法之一。

它是以一种能够成立或实现的假设来安慰自己，从而求得心理平衡的良方，类似于我们通常所讲的"阿Q精神胜利法"。

7.对于不良情绪的出现，还必须学会分析这些情绪产生的原因，并弄清楚究竟为什么会苦恼、忧愁或愤怒。如果有些事情确实令人烦恼、气愤，那么，就要寻找适当的方法和途径来解决它。

8.有时候，不良情绪靠自己独自调节还不够，还需要借助别人的疏导。当你有了苦闷的时候，可以把闷在心里的一些苦恼向家人、朋友倾诉。这样，不仅可以排除心头的烦恼，而且还可以得到他人的宽慰和帮助。

第九章

◈

别让不懂变通害了你

——改变思维，比改变生活更重要

❖ "脑洞"有多大，创意就有多大

有了正确的思路，才能发挥出卓越的智慧。美国著名地质学家华莱士·E.普拉特在总结其一生成败经验的著作《找油的哲学》中这样写道："找油的地方就在人的大脑中。"他还提出了一个著名的观点，即人的大脑里蕴藏着丰富的宝藏，而思路是其中最珍贵的资源。

一天，有人卖一块铜，喊价竟然高达28万美元。一些记者很好奇，后来得知，原来卖铜的这个人是个艺术家。不过，不管怎样，一块只值9美元的铜，他的要价无疑是个天价。为此，他被请进了电视台，向人们讲述了他的道理。

他认为，一块价值9美元铜，如果做成门把手，价值就增加为21美元；如果制成纪念碑，价值就应该增加为28万美元。他的创意打动了华尔街的一位金融家，结果那块只值9美元的铜被制成了一尊优美的铜像，成为一位成功人士的纪念碑，最后的价值增加到30万美元。

9美元到30万美元之间的差距，可以归结为思考的结晶、创造力的体现，或者说这中间的差价，就是思维的价值、创造力的价值。在现实生活中，善于思考问题、善于改变思路的人，总能在困境中寻找到解决问题的方法，在成功无望的时候创造出柳暗花明的奇迹。

一家建筑公司的经理忽然收到一份购买两只小白鼠的账单，心里很奇怪。原来这两只老鼠是他的一个员工买的。他把那个员工叫来，问他为什么要买两只小白鼠。

员工回答道："上星期我们公司去修的那所房子，要安装新电线。我们要把电线穿过一根10米长，但直径只有2.5厘米的管道，而且管道砌在砖墙里弯了4个弯。我们当中谁也想不出怎么让电线穿过去，最后我想到一个好主意。

"我到一个商店买来两只小白鼠，一公一母。然后我把一根线绑在公鼠身上并把它放到管子的一端。另一名工作人员则把那只母鼠放在管子的另一端，逗它吱吱叫。公鼠听到母鼠的叫声，便沿着管子跑去救它。公鼠沿着管子跑，身后的那根线也被拖着跑。我把电线拴在它的身上，小公鼠就拉着电线跑过了整条管道。"

成功从来都是属于那些突破旧思维的人，所以，要想在职场中大展宏图，就要在你的头脑中形成正确的思路，并决心为之付出努力。

吉诺·鲍洛奇是美国商界一位传奇人物。他出身寒微，白手起家，从卖豆芽菜到经营超级食品公司，在20年间，就成为具有亿万资产的巨富。

10岁时，鲍洛奇的经商头脑就崭露头角。那时他还是个矿工家庭出身的穷孩子，他发现来矿区参观的游客喜爱带走些当地的东西作纪念，他就拣了许多五颜六色的铁矿石向游客兜售，游客果然争相购买。不料其他的孩子立即群起效仿，鲍洛奇灵机一动，把精心挑选的矿石装进小玻璃瓶。阳光之下，矿石发出绚丽的光泽，游客简直爱不释手，鲍洛奇也趁机将价格提高了一倍。

也许正是这个有趣的经历，使得鲍洛奇对变通销售与定价有独到的理解。在一生的商业生涯中，他一直保持灵活变通的思想。

有一次，鲍洛奇公司生产的一种蔬菜罐头上市的时候，由于别的厂商同类产品的价格几乎全在每罐5美元以下，所以公司的营销人员建议将价格定在4美元7美分到4美元8美分之间。但鲍洛奇却将价格定在5美元9美分。鲍洛奇向销售人员解释说，5美元以下的类似商品已经很多了，顾客已经感觉不到各种商品之间有什么区别，并在心理上潜意识地认为它们都是平庸的商品。如果价格定在4美元9美分，顾客自然会将之划入平庸之列，而且还认为你的价格已尽可能地定高，你已经占尽了便宜，甚至产生一种受欺骗的感觉；若你的产品价格定在5角以上，立即就会被顾客划入不同凡响的高级货一类；定价至5美元9美分，既给顾客感觉与普通货的价格有明显差别，品质也有明显差别，又给顾客感觉这是高级货中不能再低的价格了，从而使顾客觉得厂商很关照他们，顾客反而觉得自己占了便宜。

经鲍洛奇这么一解释，大家恍然大悟，但总还有些将信将疑。后来在实际的销售中，鲍洛奇掀起了一场大规模促销行动，口号就是"让一分利给顾客"，更加强化了顾客心中觉得占了便宜的感觉，蔬菜罐头的销售大获全胜。5美元9美分的高价非但没有吓跑顾客，反倒激起了顾客选购的欲望，对此，公司的营销人员非常佩服鲍洛奇善于变通的本事。

走向成功的路途，虽然会有各种各样的麻烦，但是，我们不能因为那些麻烦而放弃追求，更不能被胆怯阻碍前进的脚步。成功与失败之间、幸福与不幸之间，往往只有一步之遥。

❖ 单枪匹马不成事，借力打力不费力

"借力"不仅是发财的高招，也是一个成大事者必须具备的能力，毕竟一个人的能力是有限的。

俗话说："就算浑身是铁，又能打几颗钉？"如果只凭自己的能力，会做的事很少；如果懂得借助他人的力量，就可以无所不能。

凭自己的能力赚钱固然是真本事，但是，能巧妙借他人的力量赚钱，却是一门高超的艺术。犹太人做生意全世界有名，在生意场上，他们常常使出一些常人意想不到的高招，轻松赚得巨额财富。

在日本东部有一个风光旖旎的小岛——鹿儿岛，因气候温和、鸟语花香，每年吸引大批来自各地的观光客。有一位名叫阿德森的犹太人在日本经商已有多年，第一次登上鹿儿岛之后，便喜欢上了这里，决定放弃过去的生意，在此建一个豪华气派的鹿儿岛度假村。

一年后，度假村落成。但由于度假村地处一片没有树木的山坡，一些投宿的观光客总觉得有些许扫兴，建议阿德森尽快在山坡上种一些树，改善度假村的环境。阿德森觉得这个建议好是好，但工钱昂贵，又雇不到人，因此迟迟无法实现。

不过，阿德森毕竟是个聪明人，天生就是做生意的料。他脑子一转，立即想出了一个妙招——借力。他迅速在自家度假村门口及鹿儿岛各主要

路口的巨型广告牌上打出一则这样的广告："各位亲爱的游客，您想在鹿儿岛留下永久的纪念吗？如果想，那么请来鹿儿岛度假村的山坡上栽上一棵"旅行纪念树"或"新婚纪念树"吧！"

那些常年生活在大都市的城里人，在废气和噪音中生活久了，十分渴望到大自然中去呼吸一下清新空气，放松身心，如果还能亲手栽上一棵树，留下"到此一游"的永恒纪念，对他们来说，是一件非常有意思的事情。于是，各地游客都纷纷慕名而来。

一时间，鹿儿岛度假村变得游客盈门，热闹非凡。当然，阿德森并没有忘记替栽树的游客准备一些花草、树苗、铲子和浇灌的工具，以及一些为栽树者留名的木牌，并规定："游客栽一棵树，鹿儿岛度假村收取300日元的树苗费，并给每棵树配一块木牌，由游客亲自在上面刻上自己的名字，以示纪念。"到此游玩的人谁不想留个纪念呢？

一年之后，鹿儿岛度假村除食宿费收入外还收取了"绿色栽树费"共1000多万日元，扣除树苗成本费400多万日元，还赚了近600万日元。几年以后，随着幼树成材，原先光秃秃的山坡变成了小森林。

让你出钱又出力，还让你高兴而来，满意而归，这似乎是不可能的事情。但是，阿德森做到了，他并不是凭空想象出来的，而是他利用都市人渴望与大自然亲密接触的美好愿望推出的"奇招"。即让自己受益，又能让对方受益，这就是所谓的"借力"。

"借力"的要点就是互借互利，不让别人受益，别人肯定是不会为你所用的，比如，前述故事中，如果栽树不能满足都市人的这一心理需求，他们肯定是不会自己掏钱去替阿德森免费栽树的。

拿破仑曾经说过一句这样的话："懒而聪明的人可以做统帅。"所谓"懒"，指的就是不逞能、不争功，能让别人干的自己就不去揽着干。尽量借助别人的力量，这在某种意义上来说，是在告诫现实生活中那些渴望成功的人：要善于"借力"。别人会干，等于自己会干。

那么，人们具体该如何来用好这一招呢？

（1）借上司的"力"

要充分理解上司的真实意图。当你被委以重任时，上级对你说："好好干啊！"于是你就回答说："我一定好好干。"似乎如此回答是理所当然的。可是从一开始，你就犯了一个错误，因为你不清楚被拜托的是什么？要好好干的是什么？为什么要干？干到什么时候？干到什么程度？等等……所以，应该明白上司的真实意图，站在上司的角度考虑问题，在实践的过程中还要经常征求上司的意见和建议。

要明白上司的难处，关键时候还要主动站出来做出一些自我牺牲或放弃自己的个人利益，上司自然会认为你够朋友、讲感情、有觉悟，你在他心目中的形象就会更好。

不要喧宾夺主。有些人，有了些权力之后，就自以为大权在握，就不把别人，甚至上司放在眼里。

（2）借同级的"力"

俗话说："孤掌难鸣。"如果在工作时得不到同事的支持，很多时候是很难有所作为的。当然，作为同事，有时候免不了有利益冲突，比如，政治荣誉的归属和经济收益的分配等……这时候，就应该学会谦虚，主动礼让，不要争功，更不要揽利。应主动征求同事对自己工作和作风上的意见和建议，彼此真诚相待。

（3）敢于"借贷款"

小商品经营大王格林尼说过："真正的商人敢于拿妻子的结婚项链去抵押。"小心谨慎地做自己的生意，固然是必要的，但要在商圈上成大气候，还得要大胆地向前迈步走，事实上，不少的白手起家的富翁都是借债的。

法国著名作家小仲马在他的剧本《金钱问题》中说过这样一句话：

"商业，这是十分简单的事。它就是借用别人的资金！"这也证明了财富是建立在借贷上的，但还是需要创造财富者有充分利用借贷，擅长利用借贷款的能力。

（4）借别人的脑袋、技术来为自己所用

借别人的脑袋、技术来为自己所用，善于将别人的长处最大限度地变为己用，这是最聪明的办法，最省钱、省事、最快的成功捷径。

❖ 此路不通彼路通

罗马城跨亚、非、欧帝国的经济、政治和文化中心，频繁的对外贸易和文化交流使得大量外国商人和朝圣者络绎不绝。罗马统治者为了加强对罗马城的管理，修建了一条条大道。它们以罗马为中心，通向四面八方。

据说人们无论是从意大利半岛的某一个地方，还是欧洲的任何一条大道开始旅行，只要不停地往前走，都能成功抵达罗马城。

这便是"条条大路通罗马"的由来。而现在"条条大路通罗马"是指做成一件事的方法不止一种，人生的路也不止一条等着我们发现。

无论是在追求梦想的道路上，还是在日夜奔波的生活中，我们常常会遇到"此路不通"的尴尬境地，但是变化已经存在，我们就只能去适应变化，调整自己。

一位母亲列了一份清单让自己的孩子出门买各种杂粮，并在孩子出门时，给了他几个装米的袋子。

孩子来到粮店，依照购买清单一一过目，这才发现少了一个袋子。清单上详细地写了大米、小米、高粱和玉米4种粮食，而母亲就给了3个袋子。孩子没有多余的钱买布袋，也就没办法买全所有的粮食，于是就只装满了3个袋子回家了。

孩子回家后，一进门就抱怨母亲不仔细检查布袋，以至于让自己还要再跑一趟，买剩下的玉米。母亲笑了笑说："你不会找老板要一根绳子，然后把装的少的布袋从中间扎牢，那么上面一层不就可以装玉米了吗？实在没想到的话，你还可以再买一个布袋装玉米啊？"

孩子反驳说没有多余的钱买布袋。母亲又笑了笑说："傻孩子，你不会少要一斤玉米啊？"孩子听后，顿时大悟。

一种办法解决不了，我们还可以想其他办法。最重要的是在遇到问题时不能循规蹈矩、墨守成规，一头钻进死胡同。要学会转换思路、改变角度，那样你会发现解决问题其实一点也不难。

我们必须意识到变化随时随地都有可能发生。我们不但要适应变化、适时调整，还要学会预见变化，做好迎接挑战的准备。

"此路不通彼路通，此路风景独好，彼路风景更胜。"事实上，我们之所以会执着于此路而停滞不前，是因为我们的固有思维认为那是最顺畅、最好的一条路。惯性思维方式让我们错过了许多宽敞顺畅的大路，也错过了许多别样的美丽风景。

因为人流量的增加，原本的电梯已不能满足人们的使用需求，美国摩天大厦出现了严重的拥堵问题。为了尽快解决这一问题，工程师建议大厦尽快停业整修，直到将新的电梯修好为止。这个建议很快得到了上层领导的认可并被付诸行动。当电梯工程师和大厦建筑师们做好了一切准备工作，开始要穿凿楼层时，一位大厦里的清洁工在询问情况时，激发了工程师们的创意。

"你们得把各层的地板都凿开吗？"清洁工问道。工程师向她解释，如果不凿开，那就没法装入新的电梯。

"那大厦岂不是要停业很久？"清洁工又问道。工程师无奈地点头："每天的拥堵情况你也看到，我们没有别的办法，也不能再耽误了，否则情况更糟。"

清洁工不经意地随口说道："要是我，我就把电梯装到外面去。"

专业工程师听到后眼前一亮，"把电梯装到外面去"不仅缩小了大厦停业的可能性，而且还创造出了有观景作用的电梯。

这个看似不经意的建议，其实蕴含了大智慧。也许清洁工并没有察觉到她的一句玩笑话会成为工程师们的创意亮点。于是世界上第一座观光电梯就这样孕育而生了。

所以，这条路不仅解决了问题，而且还能使人们欣赏到最美的风景。

为什么工程师们的专业眼光就产生不了这一奇妙的创意呢？

原因就在于这些工程师早已束缚在一成不变的建筑知识体系当中，形成了一套固有的思维方式。因而每个人都应避免这种思维方式对处理问题的束缚，这样才能发现更好的解决方法。

每一条路都能通往成功，唯一不同的只是这些路的艰险情况。在不同的行业里，用不同的奋斗方式，都能使我们获得成功。"此路不通"的情况只存在于路标牌中，因为通过绕行，我们最终仍能殊途同归。

❈ 举一反三，摸着石头过河

遇到困难，人们总喜欢以顺势的思维去思考，希望在相同的领域里摸索到能够解决问题的方法，但有时却根本满足不了我们的需求，我们完全可以试着从其他的领域找方法。

人与人之间、事物与事物之间都存在着很多相似点，虽然表现的方式是不同的，但是只要你有一双善于发现的眼睛，你就可以找到他们的共同点，从而刺激大脑，找到解决问题的思路。

300多年前，一位奥地利医生给一个胸腔有疾的人看病，由于当时技术落后，医生无法发现病因，病人不治而亡。后来经尸体解剖，才知道死者的胸腔已经发炎化脓，而且胸腔内积水。这位医生非常自责，决心要研究判断胸腔积水的方法，但始终不得其解。恰好，这位医生的父亲是个酒商，他不但能识别酒的好坏，而且不用开桶，只要用手指敲敲酒桶，就能估计出桶里面有多少酒。

医生由此联想到，人的胸腔不是和酒桶有相似之处吗？父亲既然能通过敲酒桶发出的声音判断桶里有多少酒，那么，如果人的胸腔内积了水，敲起来的声音也一定和正常人不一样。此后，这个医生再给病人检查胸部时，就用手敲敲听听。他通过对许多病人和正常人的胸部的敲击比较，终于能从几个部位的敲击声中，诊断出胸腔是否有病，这种诊断方法被现代医学称为"叩诊法"。

后来，这种"叩诊法"得到进一步发展。

1861年，法国男医生雷克给一位心脏病妇女看病时，非常为难。正在此时，他忽然想起了一种儿童游戏。孩子们在一棵圆木的一头用针乱划，另一头用耳朵贴近圆木能听到刮削声。由此，他有了主意。他请人拿来一张纸，把纸紧紧卷成一个圆筒，一端放在那妇人的心脏部位，另一端贴在自己的耳朵上，果然听到病人的心脏的跳动声，而且效果很好。后来，他就将卷纸改成小圆木，再改成橡皮管，另一头改进为贴在患者胸部能产生共鸣的小盒，就成了现在的听诊器。

摸着石头过河，尽管医生在探索的过程中能够感受到艰难，打破行业的界限也不是一件容易的事情，但是，面临自己解决不了的难题，既然没有更好的方法，那么我们完全可以开阔自己的思路，吸收一些不同的想法和做法，举一反三，让不相同的事物串起来，使不可能变成可能。

在生活中，我们更加需要这种以一点观全局，以此类事物联想到彼类事物的思维方式。特别是在职场中，你身边的很多人都从事过不同的行业，他们可能会觉得自己的不同经历之间是没有联系的，其实这样的想法是错误的。比如，你可能现在在做编辑，但是曾经做过的销售工作，就可能为你的开阔思路起到一定的作用。你的生活阅历也将是你进行创作的基础。虽然摸着石头过河有一些冒险，但是当你渡过了难关，你就会发现，自己已经从蚕蛹破茧成了美丽的蝴蝶。

❖ 创造力是一生享用不尽的财富

伟大者与平凡者的区别在于他们的眼光。平凡者的眼光是短浅的，即便看见一些不平常的现象，他们也会习以为常，走马观花匆匆而过。然而，就在他们习以为常的现象背后，往往蕴藏着大机遇。而对于成功者而言，即便是一件平凡不已的事情，在他们眼中都会有不平凡之处，不会放过每一个机遇。

所以，当一个人处于一种难以解脱的困境，或者是在工作中遇到难题时，要善于从原有的思维中跳出来，换一个角度或者是思维重新去考虑问题，寻求解决之道，因为只有你的思维变了，你才能迎来新的曙光。

创新是一个永远不老的话题，创新并不是天才的权利。想别人所不能想到的，做别人所不能做到的。需要你以小事为突破口、在细节处下工夫，在别人没有注意到的地方做足了文章，你才能在与别人的竞争中取得优势。

古语有"变则通，通则达"的说法，创意是在实践中不断得到提高发展的。学会细心观察，用心观察生活的某个镜头，慢慢地你就会发现世界上的事情总是在变，而能够利用这种变化为自己创造机会、创造成功的人，才会拥有闪亮的人生。

例如，怎样使电视看起来更清晰？怎样使沙发坐起来更舒服？怎样使阅读起来更便捷？需要创新的东西有很多，正因如此，创新才使我们的生活变得丰富多彩。

有位日本妇女，在用洗衣机洗衣服后发现，衣服上总会沾上一些小棉团之类的东西。

有一天，她突然想起小时候在山冈上捕捉蜻蜓的情景。她想，小网可以网住蜻蜓，同样也可以网住那些小棉团。于是她用了3年的时间，边做边想，边想边做。终于在经过无数次的反复实验之后取得了成功。这种小网挂在洗衣机内，那些杂物就清除掉了。由于它构造简单、使用方便、成本低廉，受到广大家庭主妇的欢迎。当然，她也因此获得了高额的专利费。

创新能力是所有人都具备的能力，一个人潜在的创造力是一生享用不尽的财富。只要学会细心观察，慢慢地你就会发现世界上的事情总是在变，而能够利用这种变化为自己创造机会、创造成功的人，就会拥有闪亮的人生。那些被认为是有创新能力的人，拥有创造力其实只是因为比你多思考了一点点。

❖ 记得你所做过的那些蠢事，别再做第二次

世界上没有一个人能保证自己永远不犯错误。对于社会中的每一个人来说，我们应当牢记的一个法则是，不要犯同样的错误。

有句话说，不能以同样的陷阱捉狐狸两次；驴子绝不会在同样的地点

摔倒两次；只有傻瓜才会第二次跌进同一个池塘。任何人都难免犯错误，不犯错误的人是没有的，聪明的人能够吸取上一次的教训，为防止下一次挫败做好准备。

所谓"吃一堑，长一智"，我们应该从错误中吸取教训，确保下一次不再犯同样的错误，人们不应该两次走进同一条死胡同。

有一次，一个猎人捕获了一只能说100种语言的鸟。

这只鸟说："放了我，我将告诉你3条忠告。"

猎人回答说："先告诉我，我保证会放了你。"

鸟说道："第一条忠告是：做事后不要懊悔。"

"第二条忠告是：如果有人告诉你一件事，你自己认为是不正确的就不要相信。"

"第三条忠告是：当你爬不上去某东西时，别费力去爬。"

鸟讲完这3条忠告之后，对猎人说："现在你该放了我吧。"猎人依照刚才所说的将鸟放走了。

这只鸟飞起后落在一棵高树上，它向猎人大声叫道："你放了我，你真愚蠢。但你并不知道在我的嘴中有一颗十分珍贵的大珍珠，正是这颗珍珠使我这样聪明。"

这个猎人很想再次捕获这只放飞的鸟，他跑到树跟前并开始爬树。但是当爬到一半的时候，他掉了下来并摔断了腿。

鸟嘲笑他并向他叫道："傻瓜！我刚才告诉你的忠告你全忘记了。我告诉你一旦做了一件事情就别后悔，而你却后悔放了我；我告诉你如果有人对你讲你认为是不可能的事，就别相信，但你却相信像我这样一只小鸟的嘴里会有一颗很珍贵的珍珠；我告诉你如果你爬不上某东西时，就别强迫自己去爬，而你却追赶我并试图爬上这棵大树，导致自己掉了下去并摔断了腿。"说完鸟就飞走了。

无论是在生活中还是在工作中，我们应该从自己成功与失败的经历中得出经验教训，然后根据实际情况灵活运用，避免犯同样的错误。

豪威尔是美国财经界的领袖，曾担任美国商业信托银行董事长，还兼任几家大公司的董事。他受的正规教育很有限，在一个乡下小店当过店员，后来当过美国钢铁公司信用部经理，并一直朝更大的权力迈进。

豪威尔先生讲述他克服危机的秘诀时说："几年来，我一直有个记事本。家人从不指望我周末晚上会在家，因为他们知道，我常把周末晚上留作自我省察，评估我在这一周中的工作表现。晚餐后，我独自一人打开记事本，回顾一周来所有的面谈、讨论及会议过程。我自问：'我当时做错了什么？''有什么是正确的，我还能做些什么来改进自己的工作表现？''我能从这次经验中吸取什么教训？'这种每周检讨有时弄得我很不开心，有时我几乎不敢相信自己的莽撞。当然，年事渐长，这种情况倒是越来越少，我一直保持这种自我分析的习惯，它对我的帮助非常大。"

一般人常因他人的批评而愤怒，有智慧的人却从批评中吸取教训。诗人惠特曼曾说："你以为只能向喜欢你、仰慕你、赞同你的人学习吗？从反对你、批评你的人那儿，不是可以得到更多的教训吗？"

我们可以是自己最严苛的批评家。在别人抓到我们的弱点之前，我们应该自己认清并处理这些弱点，及时完善自己虽然不能保证百战百胜，但至少可以避免自己被同样的手法轻易地击败。

延伸阅读：六顶思考帽

英国学者爱德华·德·波诺博士被誉为20世纪改变人类思维方式的人，他开发了一种思维训练模式——六顶思考帽。这是一个全面思考问题的模型。在日常生活中，当我们遇到问题时，如果考虑得更全面、更具体，解决问题时就会更加得心应手。

六顶思考帽为人们提供了"平行思维"的工具，它避免将时间浪费在互相争执上，寻求的是一条向前发展的路，而不是争论谁对谁错。生活中如果遇到麻烦，运用六顶思考帽，将会使混乱的思考变得更清晰，使无意义的争论变成集思广益的创新。

下面我们就为大家介绍一下六顶思考帽的具体内容和运用方法。

（1）六顶思考帽的内容

六顶思考帽建立了一个思考框架，并指导人们在这个框架下按照特定的程序进行思考，这种思考方式极大地提高了效能。波诺认为，任何人都有能力进行以下六种基本思维功能，这六种功能可用六顶颜色的帽子来作比喻。

◎白帽子

白色是中立而客观的，代表着事实和资讯。中性的事实与数据帽，处理信息的功能。

◎黄帽子

黄色是光芒的颜色，代表与逻辑相符合的正面观点。乐观帽，识别事物的积极因素的功能。

◎黑帽子

黑色是阴沉的颜色，意味着警示与批判。谨慎帽，发现事物的消极因素的功能。

◎红帽子

红色是热情的色彩，代表感觉、直觉和预感。情感帽，形成观点和感觉的功能。

◎绿帽子

绿色是春天的色彩，是创意的颜色。创造力之帽，创造解决问题的方法和思路的功能。

◎蓝帽子

蓝色是天空的颜色，笼罩四野，控制着事物的整个过程。指挥帽，指挥其他帽子，管理整个思维进程。

六顶思考帽在发明之初曾被成功地运用到很多知名企业当中，大大降低了会议成本，提高了企业的效能。事实上，它也同样可以运用到我们个人的思维当中，使我们将思考的不同方面分开进行，取代了一次解决所有问题的做法。

（2）六顶帽子的运用方法

在日常生活中，由于我们的性格、学识和经验等都具有一定的局限性，从而也就使我们的思维模式形成了定势或者受到了限制，不能有效解决问题。运用六顶思考帽模型，我们就可以不再局限于单一的思维模式，而且思考帽代表的是角色分类，是一种思考要求，它可以随时提醒我们在遇到问题时，思考要灵活、全面。

六顶思考帽代表的6种思维角色，几乎涵盖了思维的整个过程，既可以有效地支持个人的行为，也可以支持团体讨论中的互相激发。比如当遇到问题时，我们可以提醒自己通过下面这个步骤解决。

理清思维，把问题从头到尾阐述一遍（白帽）；

提出解决问题的建议（绿帽）；

列举建议的优点（黄帽）；

列举建议的缺点（黑帽）；

对各项选择方案进行直觉判断（红帽）；

总结陈述，得出方案（蓝帽）。

利用六顶思考帽的思考方式，人们可以依次对问题的不同侧面给予足够的重视和充分的考虑。如同彩色打印机一样，先将各种颜色分解成基本色，然后将每种基本色打印在相同的纸上，最终得到对事物的全方位"彩色"思考。

试想如果我们每次遇到问题时都能这样理性地思考，那么，还有什么问题会难倒我们呢？

实践方法

①回想一下自己在遇到问题时，是不是常常心存侥幸，祈祷上帝"别让事情变得那么糟糕"呢？如果回答是肯定的，那么你就要注意仔细练习六顶思考帽的方法了。

②任何人的本性里都有至少一种颜色的思考帽是你经常用到的，这也反映了一个人的性格。你需要注意的不是如何用这顶思考帽，而是不要过度用这顶思考帽。

③六顶思考帽是一种科学的思考方法，先不要急着将它们综合运用，应先运用好你最擅长的和你最不擅长的两顶思考帽。